Neighborhood City SEATTLE

ネイバーフッド都市シアトル

リベラルな市民と資本が変えた街

内田奈芳美

学芸出版社

シアトルの街並み。
後方にレーニア山、手前がユニオン湖

上：ポーテージ湾に並ぶカラフルな住宅
下：歴史地区に指定されているパイオニア・スクエア

1962年の博覧会で建設されたスペースニードル

BLIC
RKET
PEAR & APPLE CIDER
SLUSHIES
CASHMERE & ORONDO
ORGANIC HOT APPLE CIDER
ORGANIC APPLE CIDER

エリオット湾岸に1907年に開業したパイクプレイスマーケット

上：ストリートカーが走り、歩行者であふれるダウンタウン
下：高速道路の高架橋を撤去し、ダウンタウンとつながったウォーターフロント

上：サウスレイクユニオンにあるアマゾン本社キャンパス
下：1971年に創業したスターバックスの1号店

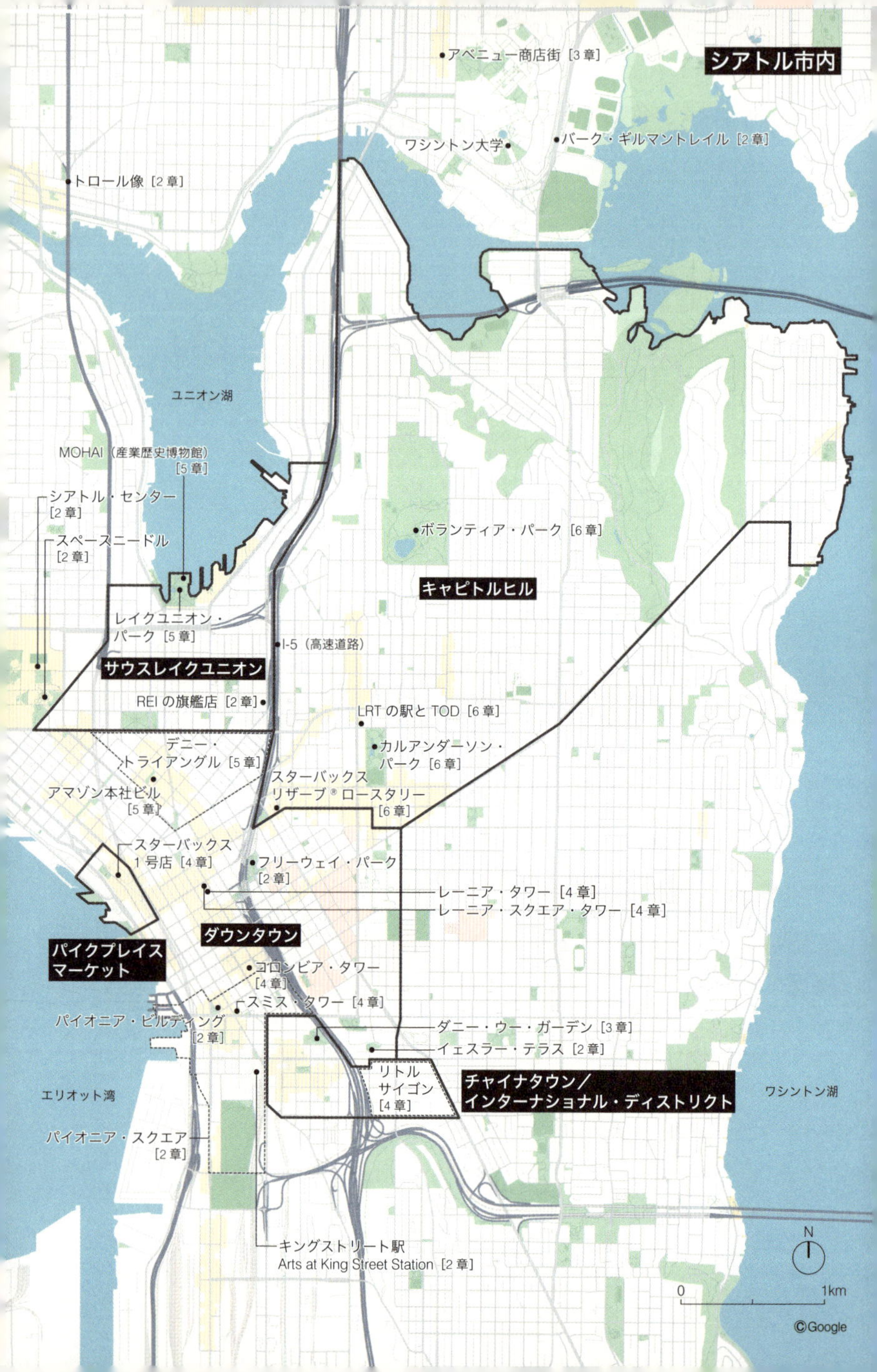
シアトル市内
アベニュー商店街［3章］
ワシントン大学
バーク・ギルマントレイル［2章］
トロール像［2章］
ユニオン湖
MOHAI（産業歴史博物館）
［5章］
シアトル・センター
［2章］
スペースニードル
［2章］
ボランティア・パーク［6章］
キャピトルヒル
レイクユニオン・
パーク［5章］
I-5（高速道路）
サウスレイクユニオン
REIの旗艦店［2章］
LRTの駅とTOD［6章］
カルアンダーソン・
パーク［6章］
デニー・
トライアングル［5章］
アマゾン本社ビル
［5章］
スターバックス
リザーブ® ロースタリー
［6章］
スターバックス
1号店［4章］
フリーウェイ・パーク
［2章］
レーニア・タワー［4章］
レーニア・スクエア・タワー［4章］
ダウンタウン
パイクプレイス
マーケット
コロンビア・タワー
［4章］
スミス・タワー［4章］
パイオニア・ビルディング
［2章］
ダニー・ウー・ガーデン［3章］
イェスラー・テラス［2章］
リトル
サイゴン
［4章］
チャイナタウン／
インターナショナル・ディストリクト
エリオット湾
ワシントン湖
パイオニア・スクエア
［2章］
キングストリート駅
Arts at King Street Station［2章］
N
0
1km
©Google

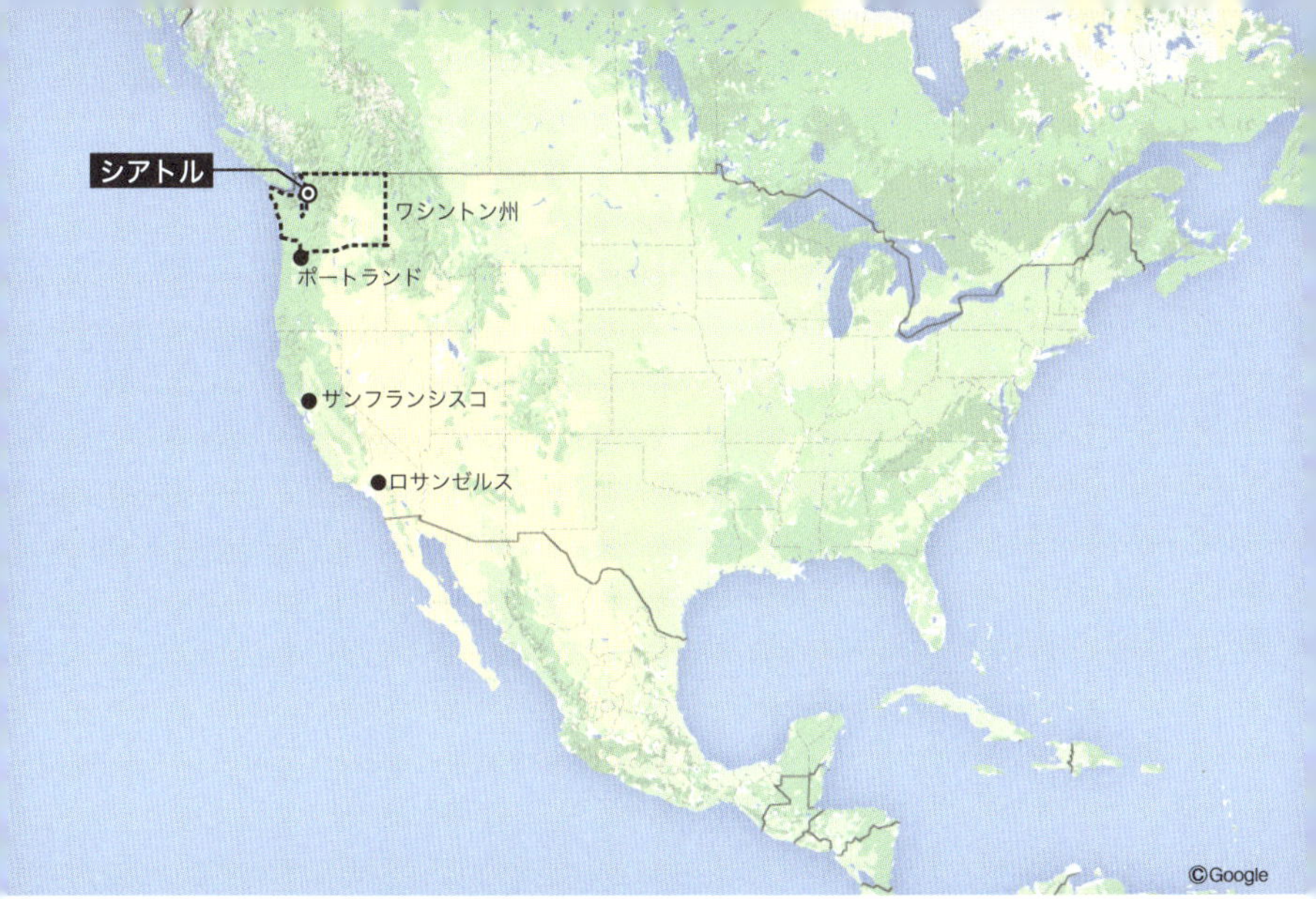

写真クレジット
p.2-3：©halbergman
p.4上：©Visit Seattle
p.4下：©Naomi Uchida
p.5：©timnewman
p.6-7：©benedek
p.8上：©Naomi Uchida
p.8下：©carterdayne
p.9上：©SEASTOCK
p.9下：©jack-sooksan
p.11下：©Visit Seattle/
Rachael Jones

はじめに

本書は、シアトルという、アメリカ西海岸の北部に位置する美しい港湾都市の物語をネイバーフッドに着目して描く。私は、２０００年代初頭に当時の仕事を辞めてシアトルにあるワシントン大学の大学院に留学し、日本に戻って大学教員になった後、２０２１年にワシントン大学の客員研究員としてパンデミックの影響が残るシアトルに再び滞在した。私にとってアメリカとはシアトルを通して見つめてきたものであり、4年前の再訪は20年間の変化もひしひしと感じられる滞在となったのである。

シアトルは、日本ではシアトル・マリナーズやアマゾン、スターバックスなどを通してよく知られた都市にもかかわらず、あまりこれまで詳しくは語られてこなかった。シアトルはアジアとも距離が近く、多様性を重んじるリベラルな政策で知られている。雨が多く、冬期は夜の時間が長いが、その気候からつくられる豊かな水辺と緑の美しさは「エメラルド・シティ」と呼ばれ、この都市に住みたいと思わせる魅力がある（2頁写真）。

本書では、豊かな自然に囲まれた多様性のあるネイバーフッド都市としての魅力と経済的繁栄を両立するシアトルという都市が、リベラルな市民の都市へのコミットと資本の流入による開発の間に揺れ動きながらどのように発展していったのかを記述していく。この都市の物語はあくまでシアトル固有のものではあるが、そこに汎用性のある点を求めようとすれば、次のようなことがあるだろう。

第一に、都市の急激な発展経緯をその誕生から現在まで見つめることができる都市であるということである。シアトルはアメリカの中でも比較的新しい都市として、これまで辿ってきた歴史をつぶさに読みとることができる。また、急激な都市の変化を観察するという意味でも、2000年以降のシアトルは面白い事例だ。その中で、何が都市の発展に寄与したのかを見ることができる。

第二に、ネイバーフッドという存在についてである。シアトルは「ネイバーフッド都市」と呼ばれるように、多様性のあるネイバーフッドが集まって形成されている。複合した機能や役割を持つ「ネイバーフッド」というものが、ウォーカビリティや市民参加のシステム、地域のアイデンティティの確立などにおいて、どのように機能してきたのかを見ることができる。このことは、日本にとってコンパクトシティやウォーカブルシティの文脈でも学ぶ部分が多くある。また、早くから市民参加のシステムが導入され、市民が意見を取り交わしながら進めていくリベラルな都市として成長してきたあり方も、ネイバーフッドの価値に深く反映していることに着目してほしい。

本書の構成として、まず1章で「スーパースター都市」となった現在のシアトルについて概要を紹介し、その発展の要素について仮説的に考える。次に2章で、シアトル市のなりたちとして、都市空間がどのように形成され、発展してきたのかを明らかにする。3章では、市民が活動し、都市を形成する舞台としての「ネイバーフッド」の意味と、シアトルがどのように「ネイバーフッド都市」となってきたのかについて説明し、4~6章ではシアトルを代表するネイバーフッドの事例を取り上げ、ネイバーフッドという単位がどのように機能してきたのかを見ていく。7章では全体を振り返りながらシアトルにおけるネイバーフッドを舞台とした都市発展の構図を検証し、日本の都市がシアトルの経験から何を学べるかについて考える。

目次

1章

Road to superstar city

「スーパースター都市」となったシアトル

図1　湾に面するシアトルの中心部を望む（2023年）

外海に直接接することのないシアトルの豊かな水辺空間は、陸地に接するギリギリまでたっぷりとした水面を穏やかにたたえている（図１）。筆者が以前大学院生として住んでいた２０００年代初頭のシアトルは、その水辺空間に似た、アメリカの中でも比較的治安が良い、穏やかな中規模のまちだった。シアトルがあるワシントン州は農業も盛んで、簡素で開放的な造りの路面店では、近郊で採れたばかりのアメリカン・チェリーを木箱の上で無造作に量り売りにしている。そんな雰囲気の、のんびりした場所だった。

現在のシアトルのイメージは、日本から見てもそれとはまったく異なるものだろう。筆頭に来るイメージはおそらく、アマゾンなどＩＴ企業の集中する華やかな「ハイテク都市」ではないだろうか。現在のシアトルは、２０２０年の国勢調査で、市の人口が全米で18位、都市圏人口としては15位に位置する大都市だ。北西部の拠点都市として人口規模も全米でも上位に位置するシアトルは、世界でもトップクラスの資産を持つ個人やグローバル企業が立地する「スーパースター都市」となった。

留学していた20年前を再び振り返ってみると、まだスター都市としての評判は今ほど高くなかった。しかしその頃すでにマイクロソフトの存在感が強くなりつつあり、この地域に引っ越してきたＩＴ技術者に会うようになっていたことを思い出す。思えば今の発展への萌芽を見ていたのかもしれない。マイクロソフトが牽引していった高度な技術者の移住と集中が、ＩＴなど知識集約型の産業をシアトルとその周辺で発展させ、ひいてはそういった人たちが利用するタワーマンションやオフィスビルの開発が行われるなど、都市空間をも変貌させてきた。

1 スーパースター都市とは

そもそも現在のシアトルを表現する上で用いた「スーパースター都市」とはどのような都市なのか。この言葉は以下のように定義されており、かつ定義の中でシアトルは代表事例として登場する。まず一つ目の定義は次のようなものである。

「(スーパースター都市とは) ニューヨーク、サンフランシスコ・ベイエリア、ボストン、ワシントトン、シアトルであり、これらはアメリカで最も大きく、生産性の高い地域である。これらの地域は1人あたりのGDPや収入が平均より非常に高く、高い価値を生み出すセクターの拠点となっている」[1]

また、二つ目の定義として以下のようなものがある。

「住宅価格の伸び率が住宅建設戸数の伸び率よりも高い地域」[2]

これは住民の流入に対して住宅の供給量が十分に増えず、住宅価格が上昇しても、それに左右されない高所得層の住民が移り住んでくるような都市のことである。注2に挙げた論文では1950～2000年の全米の住宅価格の伸び率を分析しているが、シアトルはこの間の住宅価格の伸び率の高さで第3位とされ、トップクラスのスーパースター都市とされている。ということは、筆者が大学院生だった2000年代初頭に、住宅価格の伸び率という点からはすでに「スーパースター」だったということだ。ただし当時は東京と比較してそんなに家賃や物価が高かった印象はなかった。その後日本円の購買力が低下し、かつ停滞を続ける日本経済と比較して、IT産業が集まり、繁栄を続けるシアトルでは家賃や人件費などが相対的に高くなっていったのだろう。

また、人口は都市力を示すわかりやすい指標でもあり、シアトル市の人口は右肩上がりで増えている。パンデミックによる影響は一時期ありつつも、アメリカは国家レベルでも人口が増えているため、日本のような人口減少問題とは全体として無縁のように見えるかもしれない。しかし、アメリカ国内では人口が増加する都市と人口減少が止まらない都市とは明確に差がついているため、シアトルがいかに人を惹きつける都市としての力があるかがわかる。

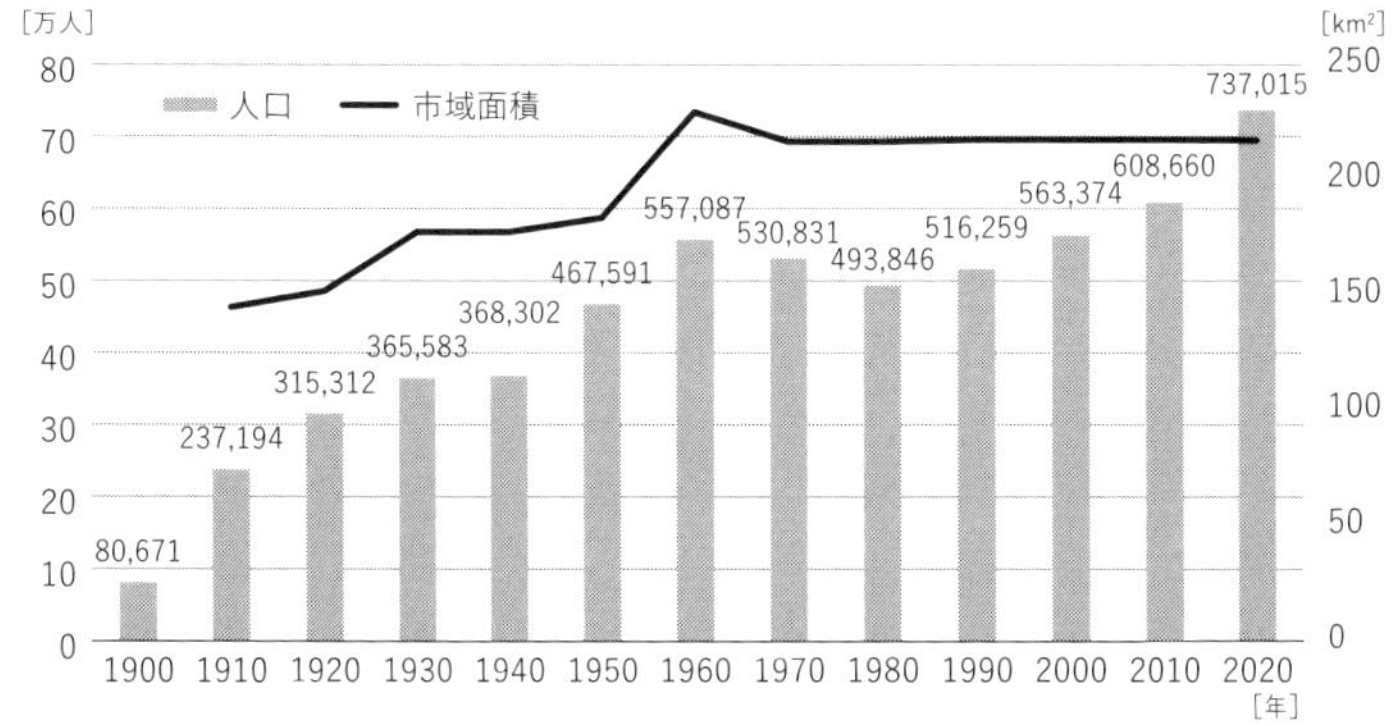

図2　シアトル市の人口・市域面積の変遷（1900 ～ 2020年）[4]

人口減少の問題を抱えているエリアには、ラストベルト（工業が衰退した地帯）がある。この地域は、２０１６年にトランプ大統領を当選させる原動力となったと言われ、なかでも人口減少都市としてよく挙げられるのがデトロイトである。ミシガン州のデトロイトは自動車産業の衰退とともに、人口が約１８５万人（１９５０年国勢調査）から約64万人（２０２０年国勢調査）に、70年間で約65％も減少している。また、同じようにラストベルトにあるオハイオ州のクリーブランドを訪れた際には、ダウンタウンのすぐ外側の幹線道路沿いに空き地が数多く見られたことに驚かされた。中心部では繁栄期につくられた芸術品のようなアーケードを内部に備えた建築物がそのまま残り、閑散としている状況はもの悲しさを感じさせるくらいの雰囲気であった。

一方、シアトルは１９７０～80年代にかけて一時期人口が減少した時期もあったが、１９９０年代以降は着実に人口が増加しており、そういった都市とは状況が異なる。現在は、ガラスのカーテンウォールに囲まれた新築ビルがダウンタウンに並び、住宅地の外れにある、老朽化して床が落ちたような住宅にも高値がつくくらいだ。シアトル市の人口は約46万7千人（1950年国勢調査）から約73万7千人（2020年国際調査）へと、70年間で約57%増加するなどデトロイトとは対照的である（図2）。さらに、2010年から2020年の10年間で10万人以上人口が増えた全米14の都市（そのほかの10万人増加都市はニューヨークやロサンゼルスなど）の一つでもある。[3]

2 さらなる人口増加と格差の拡大

シアトル市と周辺自治体の広域行政機関である「ピュージェットサウンド・リージョナル・カウンシル」では、圏域の成長へのビジョンを示す「VISION2050」を策定しており、2050年に向けてシアトル都市圏での150万人の人口増加を予測している。なかでもシアトル市では、2044年までに人口が100万人に達するとの予測[5]もある。シアトルでは住宅の価格上昇を避けて人口が流出するようなことはなく、むしろ人口流入が続くと考えられており、結局のところ当分の間「スーパースター」であり続けるだろう。こういった人や産業が集まってくる「スーパースター都市」ではオフィスや住宅の開発圧力が続く。

	全米（2022年）	シアトル市（2022年）
年齢の中央値	39.0歳	35.9歳
高齢化率（65歳以上）	17.3%	13.8%
世帯収入中央値	74,755ドル	115,409ドル
大学院もしくは高度専門教育を受けた割合	14%	29.6%
住宅所有率	65.2%	43.8%

表1　全米とシアトル市の比較[6]

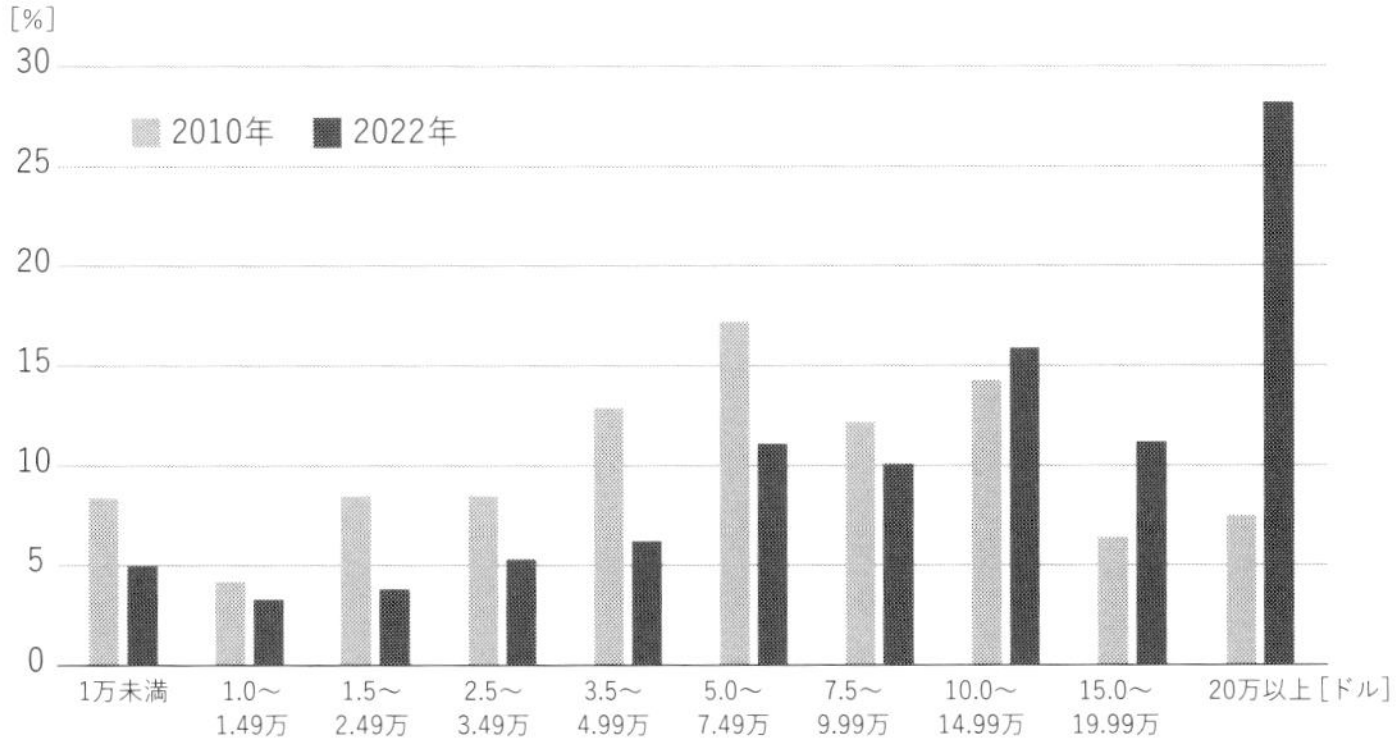

図3　シアトル市における2010年と2022年の世帯収入の分布比較[9]

アメリカの国勢調査によると、シアトルの1世帯の収入の中央値は11万5409ドル(日本円で約1600万円、2022年調査)であり、全米の中央値は7万4755ドル(2022年)であることから、アメリカの中でもシアトルは収入が高い都市だ（表1。ちなみに日本は中央値が437万円[7]である)。同調査の比較では、2010年のシアトルの1世帯の収入の中央値は6万2212ドル[8]であった。そして、図3に示す通り、2022年になると

20万ドル以上の収入がある世帯の割合が圧倒的になり、高所得層の収入の伸びと格差の拡大が統計上にも如実に現れている。

人口のデータから2010～2020年に急激に人口が増加したことがわかったが、図2と図3を合わせて考えると、高所得者層が人口増加とともに増えていることがわかる。そして全米と比較すると、シアトル市民は比較的若く、高い教育を受けた人が多い（表1）。ただし住宅所有率は全米より低く、これは新規住民が賃貸を選んでいるか、住宅を所有できない層が多くなっているなどの理由があるだろう。これもまた、「スーパースター都市」的な現象だ。

このように、シアトルはおしなべて言えば若くて高収入な「お金持ち都市」であり、スーパースターであり、特別な都市群の一角をなすようになった。

3 スーパースター都市へ発展した背景

しかし、2000年代初頭まではのんびりした一地方都市であったシアトルが、どうやって名実ともに現在のような「スーパースター都市」になったのだろうか。その背景として、次のような点があるのではないだろうかと仮説的に考えた。

・「未来」を見せることができる若い都市

・開放性と多様性
・住みやすさ
次に、これらの仮説について少し詳しく説明していこう。

「未来」を見せることができる若い都市

まず、「未来」を見せることができる若い都市であったという点だが、アメリカという国は東海岸に面する13州から拡大していったことから、地理的に北西部に位置するシアトルはかなり後の方になって都市化した場所だ。シアトルが位置するワシントン州はアメリカの50の州の中で42番目にできた州であり、アメリカ建国時から発展してきた東海岸の都市と比較して若く、連邦政府の中心部とは物理的にも遠く離れている。そのため、古い規範や政府に干渉されることなく、先進的な挑戦がしやすく、それが現在につながる新しい産業の発展や住みやすい環境のデザインにつながっていったのではないだろうか。

開放性と多様性

次に、開放性と多様性についてだが、海運の拠点として発展した都市の黎明期から、シアトルはアジアからの移民が上陸する場所の一つであり、大陸横断鉄道と海運をつなぐ交通の拠点となった。現在もアラスカへのゲートウェイとなっているが、このような交通拠点として外部とつながる役割を持つことで、結果的にさまざまな人が集まる開放性と多様性を生み出していたのではないだろうか。そして個人の選択の自由を重視するアメリカ的なリベラルさを持ち、多様性や開放性を価値として評価する層を新規住民として惹きつけてきたのではないだろうか。

住みやすさ

そして「住みやすさ」という点では、まず何よりも、シアトルは温暖で夏も暑くないという点から気候的に「住みやすい」都市である。もちろん気候条件だけでなく、緑豊かな環境、アウトドア・アクティビティができる場所への近さ、ウォーカブルな都心、サステナブルなライフスタイルなど、多様な住みやすさが揃っている。それらを示すように「ＲＥＩ」というアウトドアショップの本社や、今や世界中の人々のライフスタイルの一部となったスターバックス本社が立地している。シアトル特有の住みやすさとライフスタイルは、優秀な人材を集めるための十分条件にはならないかもしれないが、「選ばれる」要素の一つになりうる。[10]

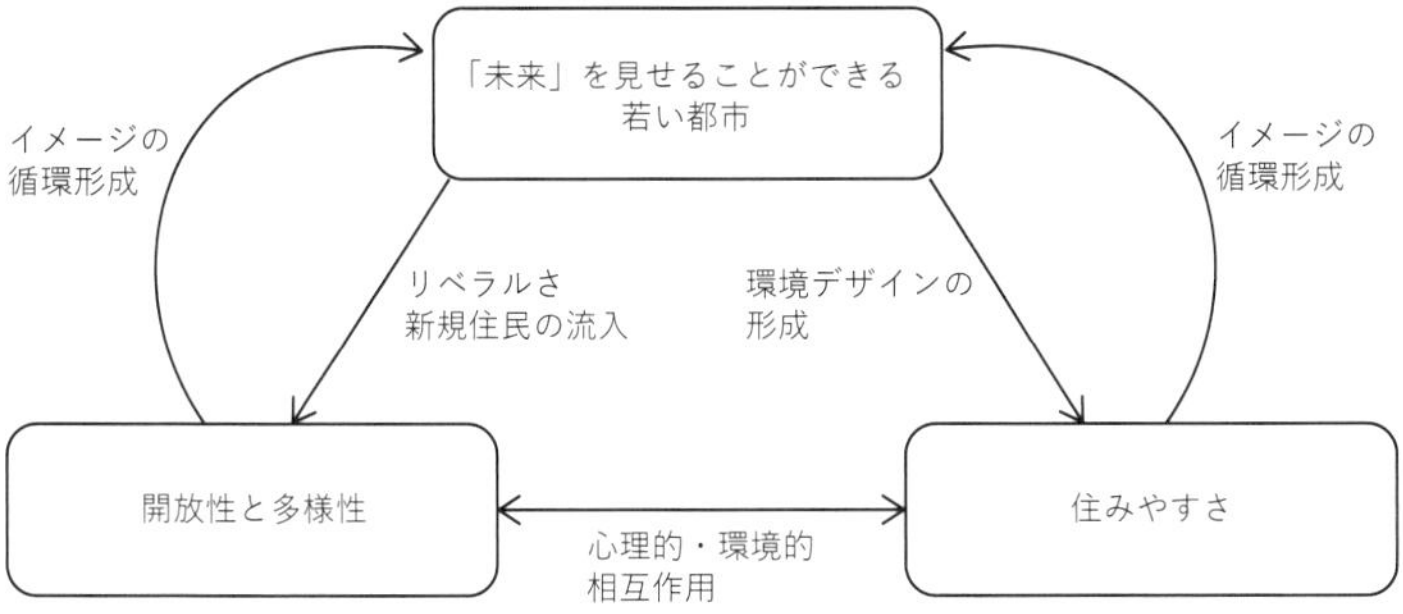

図4　シアトルの発展の構図を仮説的に考える

発展の構図を仮説的に考える

また、これらの点はそれぞれ相互作用しながら、都市の「発展」の背景となってきたのだろう。たとえば「住みやすさ」は空間的環境だけでなく、市民生活としての社会的環境面からの住みやすさという視点もあり、リチャード・フロリダがクリエイティブ・クラスを呼び込むための一つの条件として示した「寛容性」が、社会的環境の側面からの住みやすさを形成してきたのではないだろうか。そして、そういった寛容性を持つことができたのは、北西部にある「若い都市」であったことが大きかったのではないだろうか。

「若い都市であること」「多様性と開放性」「住みやすさ」が図4に示したように相互作用しながら、偶然にも左右されながら形成された「経路」として作用し、現在のようなシアトルになってきたのではないかと考えた。

4 市民と資本の葛藤がつくりだしたネイバーフッド都市

産業都市としてのサクセス・ストーリー

とはいえ、都市の発展を語るとき、何をもって「発展」と言えるのだろうか。シアトルの「発展」は主に産業的側面から論じられることが多い。長くシアトル地域の雇用の柱であったボーイング社の発展から形成された産業都市としての位置づけ[11]であったり、シアトルが創業者のビル・ゲイツの出身地であったという偶然に基づいたシアトル近郊へのマイクロソフト社の立地が高度技術者を集約し、そのことが多くのスタートアップやアマゾン・ドットコム社の立地などにつながっていったことなど[12]は、すでにシアトルのサクセス・ストーリーとして語られているところである。

もう一つシアトルの物語として語られてきたのは、ネイバーフッド単位による進歩的な市民参加のまちづくりである。筆者はネイバーフッドに競争的助成金を提供するシアトル市の「ネイバーフッド・マッチング・ファンド」について研究してきたが、リベラルなシアトル市民が関与してより良いまちをつくってきた物語は、産業都市としての発展と並列的に存在していた。

リベラルな市民とネイバーフッドの物語

本書では、産業的視点から見た発展という記述を超えて、開発やまちづくりなど都市環境としての「発展」と、それと連動して活発化していくリベラルなシアトル市民にとっての「発展」を考える。そのとき浮かび上がってくるのは、市民と開発主体としての資本との相剋であり、葛藤である。そのような「葛藤」が、ネイバーフッド都市であるシアトルにおいて、都市空間に結果的にどのように表われてきたのかを見ていく。

なかには、シアトルは時の運に恵まれて発展し、とても参考にできる都市ではないと感じる読者がいるかもしれない。しかし、よく見てみると、シアトルも常に輝かしい都市発展を見せてきたわけではなく、先に述べたように、1970～80年代には人口減少に悩まされた時期もあった。その中でも、シアトルらしい文化の保全、住宅問題、多様性の保持など、シアトルをシアトルたらしめてきた基盤を失わないための不断の努力が、リベラルな価値観を持つシアトル市民によって続けられてきたのだ。

流動性・機動性の高いリベラルな市民の活動基盤となったのは「ネイバーフッド」という存在である（図5）。「発展」の中での葛藤を経て、ネイバーフッドという単位がいかに政策として、空間として、コミュニティとして機能してきたのかを本書では明らかにする。

図5　本書で登場するシアトルのネイバーフッド

2章

The Making of Seattle

シアトルのなりたち

本書ではシアトルにおける開発や空間整備など物理的環境の「発展」と、それと連動して活発化していくリベラルなシアトル市民の活動の「発展」を、ネイバーフッドという単位を軸に考えてみる。

まず本章では、前章で示した以下の発展の背景のポイントを考えながら、シアトルの都市としてのなりたちを時系列で辿る。

・「未来」を見せることができる若い都市
・開放性と多様性
・住みやすさ

1 港湾都市としての黎明期

湾から始まったシアトル

シアトルの始まりは、1851年に22人の入植者がアルカイ・ポイントというエリオット湾に面した先端部に到着し、そこで出会ったネイティブアメリカンのリーダーの名前から、発音しやすい音声に変換して「シアトル」という地名が生まれたと伝えられている。[1] こうして市の名前の

図1　湾から19世紀末のシアトル中心部を撮影した写真（1892年）。港湾地域を中心に栄えていた様子がわかる[4]

由来にも見られるように、ネイティブアメリカンの文化はシアトルにとって重要であり、現在のシアトル市のロゴもこのリーダーの横顔がモチーフとなっている。

その後シアトルが「市」になったのは1869年であった。シアトル市が位置するワシントン州が州として認められたのも1889年で、日本の明治時代にあたる。豊かな自然資源があることから長らく製材業や漁業、石炭採掘などが産業の中心だったが、1893年に大陸横断鉄道（グレートノーザン鉄道）がシアトルまで開通したことが発展のきっかけとなった。この鉄道開通は、シアトルと全米を結ぶ輸送力を高め、シアトルの産業のあり方を変えた。船の太平洋路線を持っていたシアトルは、もともと港を中心に物流の拠点として発展していたが（図1）、鉄道と海運をつなぐことで、アジア地域と太平洋を挟んだ貿易の拠点としての位置づけを強めたとされており[2]、そういった地理的な優位性から今のシアトル発展の基礎が築かれた。1918年にはすでに外国との貿易量でニューヨーク港に続く2番目の大きさに急成長し、シアトル港はアジア市場に最も近い太平洋側の港として重要な役割を果たした。[3]

アジアへの物理的な距離の近さと、鉄道と海運をつなぐ北西部の輸送拠点、そして雨が多い気候が育む製材業などの産業発展という地理的・自然的条件に恵まれたシアトルは、その後も着実に人口を増やしていった。

ダウンタウンの拡張と地形との闘い

シアトルでは1889年に大火が起き、その復興の中で現在の都市への発展基盤が形成された。たとえば、ダウンタウンから現在のサウスレイクユニオン地域にかけて存在していた急峻なデニーヒルという丘の切り崩しが始まったことなどがある（図2）。湾に面したダウンタウンに開発需要が生じても、当時水辺側に拡張していくのは難しかった。そこで、水辺側ではなく丘側に拡大するために物理的な障害である急峻な地形を切り崩し、市街地の拡大につなげていったのである。1930年まで断続的に続いたこの地形改良の大規模プロジェクトはシアトルの現在のダウンタウンを大きく変えた。ダウンタウンの再整備は地価の上昇などで利益を受ける土地所有者に開発費用を負担させ、望ましくない住民を追い出し、荒廃地域を一新する開発につなげるものであった[6]。受益者負担による都市整備の考え方だが、このプロジェクトはシアトルにおける初期のジェントリフィケーション（都市の高級化）とも言えるだろう。

図2　ダウンタウンでのデニーヒルの切り崩し（上、1929年）。現在の同ポイントで撮った写真（下）では、博覧会開催時（1962年）に建設されたモノレールが上空を通る[5]

「エメラルド・シティ」をつくりだすパーク・システム

そして、都市形成期の基盤づくりの中でシアトルの「住みやすさ」に間違いなく貢献してきたのは、市内に拡がるパーク・システムである（図3）。緑豊かな公園や緑道の存在は、現在のシアトルの「エメラルド・シティ」というニックネームにつながるものだ。20世紀初頭にオルムステッド兄弟によってパーク・システムがシアトルで計画された。このオルムステッド兄弟とは、ニューヨークのセントラル・パークを設計したフレデリック・ロー・オルムステッドの息子たちである。

この当時、開発から環境を守るためにさまざまな都市でパーク・システム計画が策定されたが、シアトルでの計画案もその一つだった。[7] オルムステッドによるパーク・システムの計画では以下が提案されていた。

「公園やパークウェイは、森林の斜面や谷などの自然を取り入れ、レクリエーションや社交の場となるように、遠くの景色を見渡せる高台や開けた地形の中心に陣取り、みんなが使えるように海岸線を取り込むこと[8]」

既存の公園もネットワーク内に組み込み、公園と公園の間を有機的に並木道でつなぐオルムステッドの計画を基礎として、シアトルでは緑のネットワークがつながっていった。

この計画が提案された時期のシアトルは経済的に好調であり、計画には実業家や市民からの賛同が得られ、緑のネットワーク整備への支出も可能となった。[9] 社会的にもタイミングが良く、その後

図3　現在のシアトル市の公園およびリクリエーション施設ネットワーク[11]

図4　美しい歩行路が整備されたグリーン・レイク（2021年）

のシアトルの生活環境をかたちづけるデザインが提案されたのである。市北部の湖を囲む歩行路を備えたグリーン・レイク（図4）から、水系の実際のつながりを意識して原生林と渓谷をそのまま活かしたラヴェンナ・パークにつながる一体の計画や、多様な植栽と起伏のある芝生空間と回遊路を持つボランティア・パーク[10]などの美しい公園が実現し、これらがパーク・システムの一部としてシアトルらしい豊かな生活環境をつくりだしてきた。このような都市基盤は、北西部らしい緑豊かなライフスタイルを好む人々にとって理想的な環境を提供してきた。

　港湾都市としての始まりから、ダウンタウンの成長に伴う拡張、経済成長を背景としたパーク・システムの整備など、シアトル市は短期間に都市として急成長し、「住みやすさ」の基礎をつくっていった。

2 近代化による都市改造

その後、「未来」を志向する20世紀の近代化のなかで、現在の都市づくりの理念とは対極的な理念で都市が改良されていった。この時期、アメリカは福祉国家としての政策を進め、大きな政府が都市づくりにおいても役割を果たしてきた。このことは、国家の発展に必要なインフラ整備を実現したという側面の一方で、大きな力が空間を一変させてしまうという負の側面も顕在化させ、市民の中でオルタナティブな都市のあり方を議論し大きな力に対抗する動きが生まれた。これはその後、市民が自分たちの手でまちをつくっていく上での助走期間にもなった。

ニューディール政策が推進した住宅政策と郊外化

アメリカが好景気に沸いた１９２０年代、大衆にも自動車が普及し、シアトルでも郊外化が進んだ。そして１９２９年に大恐慌が起きた後、１９３３年に就任したフランクリン・ルーズベルト大統領によるニューディール政策が全米で進められた。ニューディール政策は傷ついた経済を立て直すための処置であり、失業者の直接雇用も含め、シアトルでも公園や橋などのインフラ整備に対す

図5　イェスラー・テラス。1970年代（上）と2022年（下）。コミュニティセンターとしてコンバージョンされた工場の煙突と、奥に見える病院の建物は1970年代と変わっていない。現在はアメリカ西海岸でよく見られる、カラフルな複合用途型住宅のデザインが並ぶ[13]

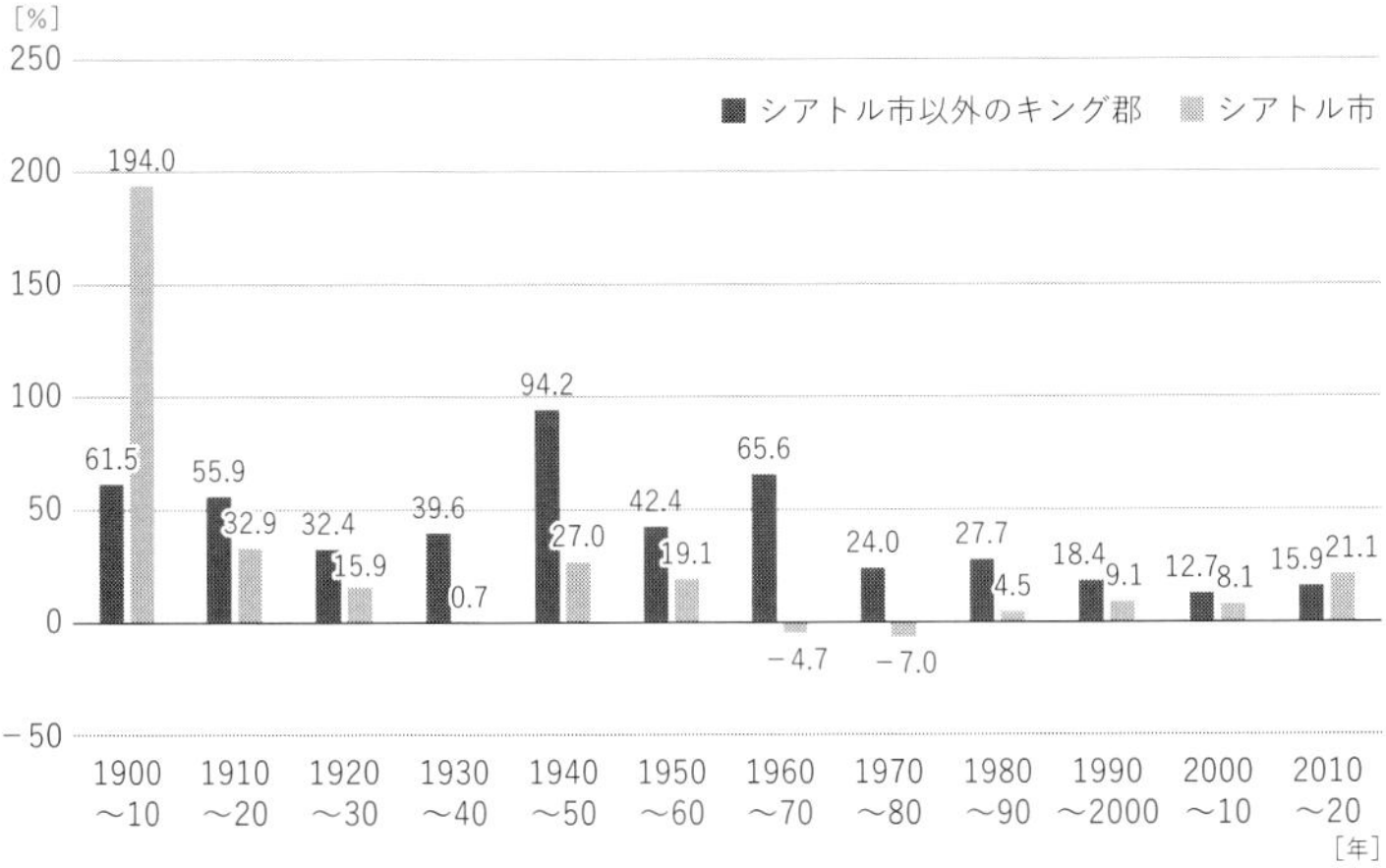

図6　キング郡（シアトル市以外の周辺部）とシアトル市の人口の伸び率の比較（1900 〜 2020年）[15]

る支援が進んだ。

また、特にニューディール政策が都市に与えた影響として、住宅政策がある。低所得者向けの居住環境の改善のために公営住宅機関の設立など、住宅政策への政府の関与もさらに進められた。シアトルではこの枠組みの下で１９３０年代にシアトル住宅機関が創立され、イェスラー・テラスという低所得者向けの住宅が整備された。イェスラー・テラスは白人以外も住民として受け入れたことで「社会包摂型住宅のモデル」と言われたが、実際は政府の条件に従っていわゆる「スラム」改良を行うことで、当時住んでいた住民が入居できなかった矛盾点も指摘されている。[12] その後２０１３年からイェスラー・テラスは順次再開発され、２０１６年に開通したファーストヒル・ストリートカーの駅を内部に整備した公共交通指向型開発（ＴＯＤ）の清潔な住宅地となった。明るい色調の複数棟の住宅が順次建設され、アフォーダブル住宅と市場価格の住宅ユニットの両方が一体となった、所得階層の混在するコミュニティとなっている（図5）。

さらに、ニューディール政策では広く住宅ローンを供給し、かつ戦後の帰還兵に対する住宅ローン補助も実施され、高速道路の建設も含めて郊外優先型の政策[14]は中心市街地を衰退させていった。シアトルの郊外化も進み、シアトル市が位置するキング郡とシアトル市の人口の伸び率を10年ごとに行われる国勢調査から比較すると、1920年代からキング郡のシアトル市を除いた部分の人口の伸び率がシアトル市の伸び率を上回っていることがわかる（図6）。これはシアトル郊外に人口が増加し始めたことを意味する。

しかし、現在ではシアトル周辺では都心回帰と公共交通への回帰が進んでいる。1940〜60年代には急激に郊外部の人口が増えていったが、2010年以降は、とうとう100年ぶりにシアトル市の人口伸び率がキング郡の郊外部の伸び率を超えた。

アーバン・リニューアルが問う都市の「荒廃」

1920年代から第二次世界大戦後にかけて郊外化が急激に進行するなかで、中心部の衰退が課題となり、シアトル中心部にもアーバン・リニューアル（都市再開発）の波が本格的にやってきた。1954年の住宅法の成立などによって加速したアーバン・リニューアルは、「荒廃した」と

図7　かつてのアーバン・リニューアル地域（ノースレイク）には、現在は学生用住宅が並ぶ（2022年）。大学の拡張は長年続いており、地域への開発圧力となっている

される地域をターゲットとして、スラム・クリアランスを進めていった。このような戦後の再開発は、20世紀以降の都市論のバイブルとなった『アメリカ大都市の死と生』（1961年）でジェイン・ジェイコブズが指摘したように、「スラム」（と当局が勝手に定義するエリア）の住民の生活環境を壊すことにつながった。

シアトルでアーバン・リニューアルのターゲットとされたのは、ワシントン大学のすぐ横に位置し、レイクユニオンの北側にあるノースレイク地域（図7）、ダウンタウンより南側の地域であるサウスシアトルなど[16]である。こういった再開発の対象地域は「荒廃したスラム」と位置づけられ、再開発のターゲットとされた。しかし、コミュニティと人々の生活はそれぞれの地域にすでに存在しており、ジェイコブズが豊かなコミュニティを持つ高密地域を過密地域と混同して「スラム」と決めつけ、取り壊しを進める人々に対して疑念を持ったように、何をもって「荒廃」地域と指定したのかが問題とされた。[17]

また、1949年の住宅法では「スラム街を近代的な建物、特に低所得者向けの住宅に建て替える開発業者に連邦政府が資金を提供することを認めた」[18]ことや、自治体が強制収容した「スラム」の土地を民間へ割引した価格で売却が可能となった[19]ことなど、公共だけでなく民間の開発業者がアーバン・リニューアルに関与するようになった。このことは、もちろん行政だけでは事業として成立できない部分を担うという意味では必要だが、そこには民間企業としての利益を追求するという目的も付与される。このようなアーバン・リニューアルのプロジェクトは住民の追い出しやコミュニティの解体を伴った、今で言うところの「ジェントリフィケーション」の一つの原型でもある。ただし、近年よく使われるこの言葉は1964年につくられたもので、この当時はまだ存在しない。

地方都市から世界都市へ、博覧会が変えたイメージ

「過去」を壊す再開発の一方で、都市の「未来」を見せる博覧会が都市づくりに重要な役割を果たしてきた。シアトルは当時まだ100年程度しか経っていない「若い」都市として、1962年の博覧会で都市としての存在感を見せることとなった。その際に建設されたのが、現在もシア

図8　1962年の博覧会の様子。右側に建つのがスペースニードル。会場跡地は現在シアトル・センターと呼ばれる[20]

トルのイメージに欠かせない存在となっている、高さ約184mのスペースニードルである（5頁写真、図8）。

正直、アメリカの大都市の遠景イメージはどこも高層ビルのスカイラインが並び立つばかりで識別しにくい。ただ、いくつかの都市にはスペースニードルのような象徴的な工作物や建築が存在し、それがエンブレムとなってその都市「らしさ」がつくられる。たとえばニューヨークならビルの先端デザインが美しいクライスラービル、セントルイスならエリエール・サーリネン設計の巨大なアーチ、そしてシアトルにとって唯一無二の象徴となってきたのがスペースニードルである。このタワーは当時の「未来」でもあり、都市の「若さ」の象徴でもあった。

この時代、博覧会はフェスティバルとして

未来都市の夢を見せてきた。シアトルの博覧会のテーマも1960年代初頭の21世紀を夢見る時代性を反映し、「センチュリー21（21世紀）」とされた。博覧会会場はダウンタウンと近未来型のモノレールで結ばれ、スペースニードルの未来的デザインも含めて、まさに1960年代に人々が抱いていた21世紀像を絵に描いたような場所になった。マイクロソフト社の共同設立者で、シアトル出身のポール・アレンは9歳だった当時、「未来」を身近に感じる体験として、空中を走るモノレールや円盤のようなスペースニードルなど博覧会に1日中夢中になった記憶を自伝に残しているが、[21]博覧会は間接的にもこういった未来の技術者を育てる役割を果たしていたようだ。博覧会はエルビス・プレスリー主演の映画「It Happened at the World's Fair」（1963年、邦題「ヤング・ヤング・パレード」）の舞台にもなり、この映画でも若い主人公たちがこの博覧会を通して宇宙での仕事を夢見る様子が色鮮やかに描かれている。科学と未来が、どこまでも人々を明るく照らしてくれた時代だったのだ。

博覧会会場は高級住宅地のクィーンアン地区の近くであり、ロウアー・クィーンアンとも呼ばれる、ちょうどダウンタウンから緑豊かな丘に向かって低層住宅地に変化していくエリアでもある。現在「シアトル・センター」と呼ばれるこの敷地は、博覧会を開くにあたって「開催後にシビックセンターの核をつくるという長期的ゴール[22]」を掲げて、スペースニードルも含め、現在も使われている施設が建設された。その一つが連邦科学館（現パシフィック・サイエンスセンター）であり、これを設計したのはシアトル出身の日系人であるミノル・ヤマサキであった（図9）。この連邦科

図9　ミノル・ヤマサキのデザインによる連邦科学館（現パシフィック・サイエンスセンター、2023年）

学館の設計は、ヤマサキがニューヨークのワールドトレードセンターの設計者として選ばれるきっかけをつくったとも言われる。[23]
ヤマサキの建築家としての飛躍と、前述したプレスリーの映画にも象徴されるように、この博覧会は全米の注目を集め、シアトルの新興都市としての未来的イメージを高めた。そして、博覧会会場を基盤として形成されたシアトル・センターは新年を祝うカウントダウン花火の会場になるなど、現在ではシアトル市民にとって物理的・心理的な象徴となっている。この博覧会はシアトルを地方都市というイメージから脱却させ、世界的な都市のイメージへと飛躍させ、その後の都市再開発の「試金石」となったとされる。[24]

押し寄せる大規模再開発の波

博覧会翌年の1963年、シアトル・センターでは、1985年を想定したシアトルの模型が展示され、ダウンタウンの将来像が市民に示された。そのことを報じた当時の新聞記事では、大規模なプロジェクトを成功させる自信が前年度の博覧会の開催から育まれたと評している。[25] 当時のアメリカの理想都市とでも言えるような、郊外に住みダウンタウンで働くための、自動車依存型の大規模再開発がそこでは夢見られており、1907年にウォーターフロントに開業した「パイクプレイスマーケット」（4章参照）はこの1963年の「Central Business District Plan」によって大規模な開発に巻き込まれようとしていた。それはプランナーの名前からMonson計画と呼ばれた「ダウンタウンのショッピング・モール化」であり、郊外型のショッピングセンターの配置計画をダウンタウンのスケールで置き換えるような計画であった。[26] そこではいつものように大規模な再開発の正統性を示す指標として、低所得者層への住宅供給と雇用創出数が語られていた。

結果的にパイクプレイスマーケットは市民の反対運動によって高層の再開発案が修正され、歴史的地区としてマーケットの保存を重視して再生した結果、現在のような観光の一大拠点となったのだが、当時はそのような歴史的な市場の持つ価値も共有されておらず、ただただ近代化に巻き込まれようとしていた。マーケットの近代化計画に対抗する市民の運動も、結果的にシアトルらしい市民社会が形成されていく過程での重要なポイントとなった。

このような「未来」志向の都市計画は、近代化へ突き進もうとする権力と、それによって生活環境を大きく揺さぶられる市民の間に葛藤をもたらした。シアトルは比較的歴史の浅い都市とはいえ、それまで紡いできた文脈とは突然断絶される近代化の力に対して違和感を持つことで、市民がまちづくりにコミットすることにつながっていった。

3 製造業からＩＴ業へ、産業都市としての展開

ボーイング社のアップダウンと「次」への基礎

一方で、産業都市としての側面からも、シアトルは未来的な都市としてのイメージを形成してきた。本書は産業構造の分析に立ち入るものではないが、近年は産業発展の過程で、特に大きな工場を必要とする製造業ではなく、ＩＴ企業の集積が結果的に中心部の都市空間を変えてきた。とはいえ、ＩＴ企業の集積と発展も結局はそれまでの産業の蓄積の中で起きてきたものである。

もともとシアトルでは造船業が盛んで、そうした製造業の歴史をベースとして１９１６年に設立されたボーイング社が、長年地域経済の要であった。ボーイング社の設立直後、１９１７年にアメリカが第一次世界大戦に参戦し、戦争特需によって同社は事業規模を急拡大しながら[27]、その後

ワシントン州で最大の雇用者数を占めるようになった。

しかし、1970年代にボーイング社は業績不振に陥り、1970〜71年にかけて3分の2の従業員を削減したことで、シアトルは都市として終わったと思われた。[28] この出来事は「ボーイング・バスト（ボーイングの破滅）」と呼ばれている。その時有名になった空港近くの看板には次のように書かれていた。

「Will the last person leaving Seattle — turn out the lights（シアトルを去る最後の人は、電気を消して下さい）」

これはあくまでユーモアとして掲げられたものだが、多くの従業員や市民がこの大規模リストラでまちから去って行くと考えられていたのだ。[29] 実際に、シアトル市の人口は1970年から1980年にかけて7%ほど減少している。もちろんボーイング社のリストラがこの時期の人口減少の原因のすべてではないが、都市としての勢いに陰りが出たのは確かであった。

こうした時期も経ながらも、ボーイング社は多くのエンジニアを雇用することで、結果的に技術的な人材をこの地に輩出する基盤となり、ボーイング社自身の復活だけでなく、「その次」の発展につなげる役割を果たしたと言われている。[30] そうして「次」に立ち上がってきた企業の一つが、世界的企業となったマイクロソフト社だった。

マイクロソフト、そしてアマゾンがやってきた

ボーイング社の業績不振もあって地域経済が落ち込んでいた1970年代に、シアトルにマイクロソフト社がやってきた。その頃「雇用が年々減少し、高い失業率に悩まされているシアトルに本社を置くというのは、とうてい常識的な選択ではなかった」[31]と傍からは見られながらも、マイクロソフト社がシアトルにやってきたことで、現在のようなハイテク都市としての途をつくるきっかけとなった。マイクロソフト社がシアトルに移ってきたことには、いくつかの理由がある。

第一に、創業者のビル・ゲイツとポール・アレンの出身地だったことである。これはあくまで偶然の産物であり、シアトルそのものの価値と関係はなさそうに見えるが、2人はシアトルにある私立の進学校に通い、当時まだ珍しかったコンピューター室で出会い、その後のマイクロソフトの創業につながった。[32]つまり、人材を輩出する上でこの2人が通った高校や、ワシントン大学も含めたシアトルの教育水準の高さが背景にあったと言える。

第二に、技術者を雇用しやすい立地的優位性があったことである。当初マイクロソフト社が立地していたニューメキシコ州のアルバカーキでは技術者を呼び込むのは難しかったということ、かといってサンフランシスコのあるベイエリアでは転職を重ねる人が多く、従業員が定着しにくかったこと、また、シアトルであればベイエリアにある程度近いので雇用しやすいだろうという考えが移転の理由としてあったようだ。[33]ちなみにポール・アレンは、優秀なエンジニアをスカウトする

上で、「水辺もあり山もあり、中心部は都会ということもあって、シアトルという土地は、アルバカーキと比べるとはるかに売り込みやすかった[34]」とも言っている。つまり、シアトルの「住みやすい」都市としての魅力も優秀な人材を獲得する上で一役買っていたのだ。その後ポール・アレンは、サウスレイクユニオン地区開発でダウンタウンを拡張しオフィスを呼び込む役割を果たすキーマンとなった（5章参照）。

そしてシアトルでは、マイクロソフト社だけでなくさまざまなスタートアップが生まれた。成功するのはその中でほんの一握りだったが、「失敗した企業も、技術労働者と専門知識を備えた最初の技術的エコシステムの構築に貢献し、経済に弾みをつけることに寄与した[35]」のだ。特にマイクロソフト社の存在はエコシステムの要となり、同社の出身者（ポール・アレンが一番の例だが）はそこで得た知識を活かして、シアトルのスタートアップを立ち上げたり、スタートアップを支援するベンチャーキャピタルに参画したりしている。[36]そうしたことを積み重ねながら、ニューエコノミーを支える基盤が生まれてきた。

シアトルの新しい産業を支えるエコシステムの発展形の一つとして、1994年にアマゾン・ドットコム社がついにシアトル近郊のベルビューにやってきた。現在、アマゾン社のヘッドクォーターはマイクロソフト社にいたポール・アレンが開発に深く関与したサウスレイクユニオンに立地している。

創業者のジェフ・ベゾスの伝記によると、同社をシアトルに移転した理由としては「技術の街として有名であったことと、ワシントン州はカリフォルニア州やニューヨーク州、テキサス州などに比べて人口が少なく、州税である売上税を徴収しなければならない顧客の割合を低く抑えられるからだった」[37]としている。つまりオンライン販売なので顧客は近くにいる必要がなく、であれば州外からの売上が多く、州内売上が少ない方が州税としての売上税をなるべく払わないで済むという、徴税システムが州単位であるアメリカ特有の事情があった（その後売上税のシステムは変化したようだが）。こうした税制面と技術者の集中がアマゾンのような企業を惹きつけることとなったのだ。現在のシアトルには、アマゾンだけでなくさまざまなスタートアップや医療系の企業が集積しオフィスを構えている。

こうした産業都市としてのエコシステムの構築は、シアトルの近年の発展の強固な基盤となり、かつそれがオフィスの建設や高所得な従業員の住居需要などにつながり、都市のスカイラインを大きく変えていった。

スモール・ビジネスの集積が生む都市文化

加えて、サービス業やスモール・ビジネスと都市空間との関係から見ると、シアトルでは以下のような特徴が挙げられるだろう。

・ダウンタウンの市場であるパイクプレイスマーケットの保存運動と同時代的な動き

・カウンターカルチャー、オルタナティブな文化が形成するユニークなストリート
・アジア系市民の割合が高く、多国籍・多様性が息づく都市空間

まず、前述したパイクプレイスマーケットの存在である。このマーケットが再開発計画に対抗した保存運動によって守られたことは、ダウンタウンのビジネスにも影響を与えた。たとえば1971年にシアトルで創業したスターバックス社が挙げられる。4章で詳しく述べるが、スターバックスはもともとシアトルとベイエリア出身の創業者が純粋にコーヒーを愛し、当時のどかな地方都市であったシアトルの人々においしいコーヒーを提供したいというモチベーションから生まれた[38]。パイクプレイスマーケットに設けられた本店は、再開発を逃れたいきいきとした市場空間に設けられ、スターバックスのブランドデザインの基盤となった。

他にも同時代性を持つ事例として、現在歴史地区に指定されている、ダウンタウン内のネイバーフッドであるパイオニア・スクエア地域の動きがある（4頁下写真、図10）。1969年にブラッセリーがパイオニア・スクエアの歴史的な建物であるパイオニア・ビルディングにオープンした後、「1年もしないうちに、レストラン、ギャラリー、ブティックが次々とオープンした。さびれたエリアだったこの場所は、突如として非常にファッショナブルになった[39]」とされている。この地域は現在も歴史的建造物を活用したスモール・ビジネスが軒を並べ、ヨーロッパの街角のような雰囲気を持つ。この時期、1960〜70年代は、アーバン・リニューアル（再開発）との闘いをきっかけとしながら、シアトル市ができてちょうど100年ほどが経過するなかで、ようやく蓄積し

図10　パイオニア・スクエア（2018年）。奥に見えるのが、地域再生のきっかけとなったとされるパイオニア・ビルディング（1892年築）である

てきた歴史を慈しむような時期に到達したのかもしれない。

次に、オルタナティブな文化の存在について、詳しくは後述するが、音楽シーンなどのカウンターカルチャーの存在が、シアトル特有の雰囲気をつくっていった。特にキャピトルヒル（6章参照）のようなダウンタウンに近接した場所にこうした文化が花開き、クラブやカフェ、バーなど、オルタナティブなスモール・ビジネスが集積するストリートが形成された。こうしたストリートは少しあやしい雰囲気を持ちながら、雑多で自由を感じさせる、シアトルらしさを持つ。

そして、アジア系市民の割合が高く（全米の平均の3倍近い割合）、多国籍な文化が形成した都市空間も存在感が大きい。シアトルは立地上アジアからのゲートウェイとして機能してきた歴史から、「チャイナタウン／インターナショナル・ディストリクト」（4章参照）と呼ばれるアジア人移民を中心としたエリアがダウンタウンの辺縁部に形成された。このエリアは第二次世界大戦までは日本人街であり、20世紀初頭から日系や他のアジア系移民向けなどの多様なサービスが集積したのである。現在中心部には「Uwajimaya」という日系の大型スーパーもあるが、移民が自ら必要とするビジネスを構築し、支え合いのエコシステムとしてのビジネス・ネットワークを構築してきた。この地域を訪ねてみれば、他都市のチャイナタウンともまた違う、文化が混合した無国籍感のある都市空間を体感することができるだろう。

4 リベラルで寛容な人々が集まる若い都市

シアトルの都市としての発展をざっとなぞってきたが、「若い都市」としてのシアトルは、発展に合わせて多くの新しい住民が流入するなかで、東海岸とは異なる開放性と多様性を生み出してきた。先に産業の発展として紹介したイノベイティブなスタートアップやＩＴ企業の集中も、いわばその現れの一つである。ここでは、そうしたシアトルらしさについて、これまでどう語られ、空間にどう現れてきたのか、そこに焦点をあてて見てみよう。

多様な価値を尊重するリベラルな風土

シアトルの開放性や多様性については、シアトルが持つ「リベラル」というイメージと連動して語られることが多い。シアトル市が位置するワシントン州はブルー・ステートと言われる民主党（ブルーは民主党のイメージカラー）の支持が強い地域で、リベラルな政策を支持することでも知られている。ここで言う「リベラル」とは他国での意味とはまた異なり、アメリカ型の政治的リベラルは大きな政府を志向する「個人の自由と中央政府による再分配とのセット[40]」という立場を意味し、マイノリティも含めた多様な価値を尊重するものである。また、シアトルは労働組合運動が盛んなまちとしても知られてきた。その背景の一つとして、造船業がブームに乗って盛んになったことで「労働組合に組織化されやすい重工業に従事する白人男性が急増したこと[41]」もあり、ストライキもしばしば起きていた。

そのため、1936年に政府関係者が、冗談として次のように組合の強いワシントン州を評したと伝えられている。

「（アメリカ合衆国の）連邦には47の州と、ワシントン州というソビエトがある[42]」

こうしたエピソードは、シアトルにおける市民の「組織力・運動力」、そしてある側面では「市民力」の高さを示す。現代のシアトルでは、特に中心部で民主党の中でもとりわけ先鋭的な「プログレッシブ」（進歩的）と呼ばれる勢力が強いとされており、盤石なブルー・ステートの中心都市として、隣のオレゴン州の中心都市ポートランドと並んでリベラルなイメージを持たれている。

「住みやすさ」のための市民運動

リベラルでプログレッシブな市民力の現れの一つとして、「フォワード・スラスト（Forward Thrust：前進への推力）」という市民から湧き上がった運動がある。これは、地元の法律家であるジム・エリスの活動によって、地域を改善するための起債の是非を問う住民投票が行われた一連の流れを指す言葉だ。「フォワード・スラスト」は、シアトル市が位置するキング郡でどのような地域改善のためのプログラムが必要か研究する目的で、1966年に地元政府関係者によって任命された市民委員会[43]であり、この市民の活動を通して、シアトル市と周辺のキング郡では生活のための地域改善が多数進められた。

1967年にフォワード・スラスト勧告が起草された。そこでは「すべての年齢や所得層に対して休息、レクリエーション、余暇を楽しむ機会を提供する公園とオープンスペースのシステム、都市が開発されることへの補完的機能、そして都市生活に人がつくったものと自然による美しさを取り入れる[44]」と提言している。

実のところ、フォワード・スラスト運動の目的には、地域の公共交通としての鉄道ネットワークの形成が含まれていた。しかし、公園建設など他の起債は市民に受け入れられたにもかかわらず、

図11　ジム・エリスの名前がつけられたフリーウェイ・パーク（2023年）。フォワード・スラストによる公園債が整備費用に用いられた

1968、1970年の住民投票で鉄道ネットワークへの起債は2回とも否決されている。[45] 鉄道のネットワークはその後LRTとして実現するまで長い時間を待たなければいけなかった。

それでもフォワード・スラストはシアトルの都市づくりにさまざまな影響を与えた。チャイナタウン／インターナショナル・ディストリクトのすぐ横に立地したキングドームの建設（現存せず）、後述する高速道路上に公園を建設したフリーウェイ・パークの建設（図11）、シアトル市内の汚水管と雨水管の分離プロジェクトや、自然の保護につながる豊かなオープンスペースの整備[46]など、現在のシアトルの住みやすさにつながるプロジェクトに多くの資金が投入され、それに関連した雇用も創出された。このように、「住みやすさ」の元を辿れば先進的な市民の運動があったのだ。

新エリート層も後押しするリベラルな政策

シアトルではその後も、市民参加の拡大、住民投票による意思決定、そして自分たちでまちづくりプロジェクトを行うネイバーフッド・マッチング・ファンドまで、さまざまな段階でリベラルな市民が活躍してきた。

シアトルでは公共空間での大規模な抗議活動も目立つ。特に1919年のアメリカ初の労働者によるゼネラル・ストライキ、1999年のWTOへの抗議活動（図12）、2020年のCHOPと呼ばれる警察を追い出して自治区を形成した運動（6章参照）が有名である。もちろん暴力的な行為や破壊は許されるものではない。しかし、シアトルでは（参加者が市民とは限らないが）公共空間で自分たちの意思を発露する動きが続いてきた。

さらに、IT産業が発展するにつれ、ポスト工業化社会において従来のエリートとは違う価値観を持った新エリート層（シアトルに移住してきた若いIT技術者など）がシアトルに流入し、彼らは社会正義に対する信念を持ち、この地の強い経済を安心材料として先進的な政策を支持しているという指摘[48]もある。このような新エリート層は、自身は高給を得ながらも、社会への再分配を重視するリベラルな傾向があることから、投票行動などを通してそうした意思を表明し、結果的にシアトル市の政策の進歩的な傾向にも拍車がかかっているようだ。

そのような傾向を象徴する一つの動きとして、大企業への課税強化である「ジャンプスタート・

図12　WTOに対するダウンタウンでの抗議活動（1999年）[47]

シアトル税」がある。これは、年間に従業員に支払う給与総額が一定以上の企業に対して、一定以上の給与を得ているシアトルの従業員に支払った給与額に課税するものである。額は毎年変化し、２０２４年は８８３万７３０２ドル（約13・9億円）以上の給与総額を支払った企業が対象となり、２０２５年は18万９３７１ドル（約２９７７万円）以上の給与を得る従業員の給与額に対して課税される。[49] これはアマゾンが市内で最大の雇用主であり、多額の給与を払うため、象徴的な存在として「アマゾン税」とも呼ばれたりしたものだ。この税金は、当時コロナ対策やホームレス対策に充てられるとした。ただし、このような政策が打ち出されるなかで、アマゾンはシアトル市に対する関与を薄め、隣の市であるベルビュー市に多くの拠点を移すなど、狙い通りの効果は得られていないようだ。そのため、このような政策に対して理想主義的すぎるとの批判も多い。

カルチャーの先進地として

シアトルはカルチャーの先進地でもある。進歩的なシアトルらしさの一面は、たとえばメインストリームに対抗する、反体制的な主張とも連動するカウンターカルチャーの側面から語れる。シアトルでは世界的なギタリストのジミ・ヘンドリックスが１９４２年に生まれ、１９８７年に結成されたロックバンドのニルヴァーナが活動するなど、反体制的なアーティストがカルチャーシーンを牽引してきた。なかでもアーティストが集住したネイバーフッドである、ユニオン湖に面するフリーモント（図13）や、ＬＧＢＴＱの文化の中心地となったキャピトルヒル（6章参照）はカウンターカルチャーが花開く場所となった。

さらに、シアトルのカルチャーの先進性は、市の文化政策にも表れている。その一例として、１９６２年の万博会場として整備されたシアトル・センターがバレエや音楽などの文化拠点となったこと、また、文化を支援するアーツ・コミッションが１９７１年に設立されていることがある。このアーツ・コミッションは１９５０年代に設立されたアライド・アートという地元のアートＮＰＯが強力に後押しして立ち上げられたものだが、現在は官民で連携しながら文化政策が進められている。

そして1973年には全米でいち早く公共空間整備事業の1%をアートに支出する「1% for Art」制度が導入された。シアトルは単なる公共空間へのオブジェの設置というだけでなく、「場所の特性に合わせたアートに力を入れる」[51]、いわゆるサイト・スペシフィックなパブリックアート

上：図13　カウンターカルチャーの中心地の一つだったフリーモントの橋の下にある「トロール像」（2018年）。治安改善へ寄与しただけでなく、1990年代初頭の「反開発」の象徴とされた[50]
下：図14　シアトル美術館の前にある、労働者をモチーフとしたパブリックアート「ハンマーリング・マン」（2005年）

の先駆者とされている。たとえば、ダウンタウンのシアトル美術館の前に置かれている作品「ハンマーリング・マン」は労働者を象徴したもので、15m近くの高さがあることから巨大で目をひく(図14)。その他にもアジア系移民が多いチャイナタウン/インターナショナル・ディストリクトではドラゴンが街灯に巻き付くアートが設置されているなど、各ネイバーフッドの文化を反映したパブリックアートの展示も多い。

都市開発から文化を守る

一方で、カルチャーの先進地であることは、その魅力にデベロッパーが惹きつけられ、開発事業によって家賃が上昇しアートスペースが徐々に追い出されるというジェントリフィケーションの危険性をはらむ。ジェントリフィケーション対策の一つとして、2020年にカルチュラル・スペース・エージェンシーという公共性を持ったデベロッパーが設立された。

これはPDA(パブリック・デベロップメント・オーソリティ)と呼ばれる半公共の組織で、行政と契約を結んで活動し、公的な資金を活用することができ、かつ行政よりも機動的に動ける仕組みである。シアトルにはこの「PDA」がすでに八つほどあるが、カルチュラル・スペース・エージェンシーは、久しぶりのPDAの設立だった。このエージェンシーは自分たちで不動産を購入・開発して、アーティストなどに空間を提供する。シアトル市が持つ公共空間を活用した「ARTS at

King Street Station」[52]と名づけられたキングストリート駅でのアートスペースの試みもその一つだ（図15）。

図15　キングストリート駅のARTS at King Street Station（2023年）。2021年に訪問した際にはこれまで十分に注目を浴びてこなかった黒人のアート作品を展示していた

キングストリート駅はアムトラック（全米鉄道旅客公社）の駅で、歴史的建造物でもある。近年内部はリノベーションされ、一部がカルチュラル・スペース・エージェンシーが使用するエリアとなった。2階にはオフィス、パブリックに開かれたリビングルーム、展示空間、アーティスト・イン・レジデンスのための空間が準備された。

筆者が2021年にエージェンシーを訪れた際の担当者へのインタビューによると、このエージェンシーは物件を所有し、マスターリースをする。そこから文化的な活動をする組織に貸したり、もしくは物件を共同所有したりする。「半公共」の立場として、組織が持続するためにスタッフの人件費などをカバーする最小限の利益は得るが、過度な利益を追求しない仕組みになっているそうだ。

こうした活動の背景として、近年のシアトルにおいて文化のための空間を確保することの難しさも説明してくれた。「スーパースター都市」特有の状態を放置し、市場に任せておけば、文化的な活動はまちなかから消えてしまう。そのためにこうした組織が必要なのだと。

都市開発から文化を守るためにシアトルで実施されている方策は、その他にもBuild Art Space Equitably Program（BASE）という学びのプログラムがある。このプログラムでは、文化的な活動を持続不可能な状態に追いやってしまうかもしれない不動産業界と、芸術・文化に関わる人々がそれぞれ参加し、どうやったら地域づくりを一緒にできるかを学びあう。[53] 不動産価格の上昇が進むなかで、文化のための空間が存在することのメリットを強調してそれを保全しようとしているのだ。

この不動産業×文化産業のプログラムが示すように、文化プログラムは、都市の経済にとってポジティブな効果がある。ただし、その効果を具体的に測ることは容易ではなく、文化産業の用途は賃料上昇に対して非常に脆弱である。そこでシアトル市のアート&文化局はリサーチに基づいて、文化的用途がスペースとして存在することによる都市へのメリットを、たとえば以下のように示している。[54]

・文化的スペースがある街区では、オープンカフェの営業許可が2倍に増える
・1階に文化的スペースがあることで、隣接する建物の入居費が平均20％増加する

・文化的スペースがあることで、写真を撮られて、オンラインにアップロードされる機会が3倍になる
・金曜の夜、文化的スペースのある街区の携帯電話の通信が活発になる（筆者注：営業している店や歩行者量が増え、待ち合わせなども多いということを示唆している）

このようなデータをエビデンスとして示しながら、文化と経済活動のwin-winの関係を構築することを目指している。

文化が都市発展に果たす役割について、リチャード・フロリダは「ボヘミアン指数」という指標を用いてデザイナーや芸術家の集積と、ハイテク産業の集中、および経済成長との関係の強さを実証的に示し、シアトルはその好例としている。[55] 寛容性と住みやすさ、多様性が能力の高い人々を惹きつけるのであり、その背景には進歩的なシアトルらしさが基盤として存在するのだ。ところが、新しい人々の流入は、もともとそこにあった多様性を脅かすことにもつながる。こうした負の側面をどう防ぐかが、シアトルにとっては重要な課題となっている。

5 ウォーカブルで住みやすい都市

シアトルの環境としての「住みやすさ」がどのようにつくられていったかについて、さらに掘り

下げていこう。

シアトルにはもともとの水と緑の豊かさと、パーク・システムや市民運動であるフォワード・スラストがつくった環境的な基盤がある。もちろん、シアトルでも全米の潮流と同じく、車優先型の近代的な都市づくりと郊外化が進んだ時期があった。しかし、ハイウェイの高架橋が解体され、ウォーターフロントを再構築した例が象徴するように、「近代化」を口実とした都市開発も、シアトル・プロセスによる市民参加の伝統によって修正され、環境デザインの側面からさらなる「住みやすさ」を実現してきたのである。

ノース・ウェスト的ライフスタイルとパーク・システム

元来水辺空間と緑に恵まれたシアトルでも、巧みにネットワークされたパーク・システムの存在がなければ今のような都市空間は生まれてこなかっただろう。公園間を緑のトレイルがつなぎ、市全体が湾や湖などに囲まれていることから、水辺と緑が渾然とした環境が形成されている。

たとえばワシントン大学に沿って伸びるバーク・ギルマントレイルは、大学のキャンパスの緑とリンクして緑のトンネルをつくる。トレイルの中では横を走る幹線道路の喧噪から切り離されて、住民が散歩をしたり、自転車に乗ったり、ジョギングを楽しんだりしている。また、半島のように突き出たシュアード・パークや海岸線沿いに広大に拡がるディスカバリー・パークなどでは、水辺にぐるっと囲まれ、住宅地に隣接しながら、別世界のような豊かな地形を残している。流木が流れ着くディスカバリー・パークのビーチの沖では、ヨットを楽しむ人たちが見える（図16）。こうした風景が、シアトルの毎日の生活にある（4頁上写真）。

20世紀初頭にシアトルのパーク・システムを計画したオルムステッド兄弟は「シアトルのすべての家庭から半マイル以内に公園や遊び場を設置すること」[56]を目指した。これは近年で言えば、The Trust for Public Landによる「全米の都市ですべての住民が質の高い公園に自宅から10分以内にアクセスできる（10-Minute Walk）」[57]運動のような考え方であった。オルムステッドの理念は、実際には実現できなかった部分もあるが、ライフスタイルにおける緑と自然環境の重要性を早くから伝えるものであった。

トレイル・ネットワークと美しい公園の連続は、生活の質の向上につながる。むき出しの自然がそのまま残っているかのように演出された公園群は、アウトドアなライフスタイルを好む層にとってはシアトルに住みたいと思わせるに十分である。実際、シアトルを歩いていると多くの歩行者がアウトドア・ブランドを日常的に着用していることに気づく。そうした住民のアウトドア志向を反映するように、全米に展開するアウトドア・ギアの店舗である「ＲＥＩ」はシアトルで１９３８年に協同組合（Co-op）として設立された。シアトルのＲＥＩの旗艦店では段差を活かしたランドスケープ・デザインが店舗を囲み、高い天井を活かしたクライミング・ウォールが設置されている（図17）。

上：図16　ディスカバリー・パークでは、緑深いトレイルを辿った先に長い海岸線が広がる（2021年）
下：図17　サウスレイクユニオンに位置する、まるで森のようなアウトドアショップ「REI」の旗艦店（2023年）。すぐ後ろには高速道路が通るが、それを感じさせない

パーク・システムはこうしたいわゆる「ノース・ウェスト（アメリカ北西部）」的生活感度が高い人たちの居住地選択の中で、重要なポイントとなってきた。

車から都市を取り戻す

このように、20世紀初頭から形成され始めたパーク・システムはシアトルらしいライフスタイルをつくることにつながっていった。しかし、その後モータリゼーションと近代化が進むなかで、車を中心に考えられた都市計画がシアトルでもまちを変えていく。そうした状況と、シアトルはどう向きあってきたのだろうか。

ここでは、高速道路の上につくられたフリーウェイ・パーク（１９７６年）と、ウォーターフロントの高架橋の撤去（２０１９年）という二つの事例をもとに、シアトルが車から都市を取り戻したプロセスを紹介する。

現在、中心部の高速道路の撤去による都市の再構築はアメリカの都市計画のホットトピックとなっている。ニューアーバニズムを提唱するＮＰＯによる「未来のない高速道路」というレポートの中で、高速道路の撤去について生活の質の向上という点から以下のような視点が提示されている。[58]

・高速道路がなくなることで、中心部の貴重な土地を再活用できる経済的メリット

・公共空間の新たな創造
・車の排気ガスがなくなり、大気汚染による健康問題が解消されること
・人種隔離につながった建設時の歴史の修復

これらは、中心部に人口が回帰しているシアトルでは非常に重要なポイントだ。車による中心部へのアクセスを改良して郊外から人を惹きつけようとした都市戦略の失敗から、現在では「住みやすさ」として、いかにウォーカブルな場所を中心部につくるか、まったく異なるアプローチでのデザインが主流となっているからだ。中心部の地上を高速道路が貫通すると、空間を分断するだけでなく、健康問題も引き起こし、デザインによっては治安の悪化にもつながる恐れがあり、その見直しが行われたのは当然の流れである。

そこで、前述した二つの高速道路に対するシアトルの判断を以下で見てみよう。第一の事例である高速道路上の公園「フリーウェイ・パーク」は1976年に建設され、高速道路の存在をどう緩和するかという点で先駆的な存在だ。時代的に根本解決というよりは「緩和」型であり、ダウンタウンに公共空間をもたらし、環境悪化を和らげる役割を果たした。第二の事例であるウォーターフロントの高架橋の撤去は2019年に完了したが、フリーウェイ・パークのような「緩和」型ではなく、高速道路自体を地上から撤去した「根本治療」型の解決方法であった。時間も予算も膨大にかかるこのようなプロジェクトは、車優先型で発展してきたアメリカの都市でいよいよ浸透してきたウォーカビリティの政策的な重要度の高まりを示している。

■フリーウェイ・パーク：高速道路の上につくられた公園

シアトルのダウンタウンを通る高速道路には、州道99と州間道路I-5（ワシントン州とオレゴン州をつなぐハイウェイ）がある。中心部を突っ切って走るのがI-5と呼ばれるハイウェイだ。このハイウェイは1966年に拡張され、ダウンタウンの中心部に大きく掘られた谷間をつくった。このように高速道路がダウンタウンを突っ切りまちの中心に境界線ができてしまったのは、シアトルに限ったことではない。ジェイン・ジェイコブズがニューヨーク・マンハッタンでまちなかの高速道路建設に反対運動を行ったように、1960年代は近代化の名の下、効率性を大義名分とした自動車優先型の都市計画が生活の場を破壊し、当局と市民の間でせめぎあいが行われてきたのである。

シアトルでは、前述したように市民が地域改善に取り組む「フォワード・スラスト」運動が行われたが、そこで起債された公園債を用いて、自動車優先型の都市計画の影響を少しでも和らげるために高速道路上に人工地盤をかけて整備した公園「フリーウェイ・パーク」が1976年に完成した（図18）。図18を見ると、何車線も複雑に組み込まれた高速道路が中心部を分断し、無機質な橋がその上を何本もかけられ、分断された地域を接続していることがわかる。フリーウェイ・パークは他の橋とは異なり、分断を意識させることなく空間を接続させることで、ダウンタウンの中心を横切るハイウェイの物理的・心理的な分断を和らげることにもつながった。この公園は著名なランドスケープ・デザイナーであるローレンス・ハルプリンがデザインし、植栽やプランターは高速

右：図18　建設中のフリーウェイ・パーク（1975年）。何レーンもある高速道路（I-5）の上に人工地盤をかけ、分断されたまちをつないでいる[59]
下：図19　現在のフリーウェイ・パーク（2023年）。ダウンタウンの貴重な緑の空間となっている

道路からの音を和らげ、植栽は景観上の美しさだけでなく、高速道路による大気汚染の軽減やビルからの強風を和らげる効果を意識した樹種選定が行われた[60]。

公園は現在、市のランドマークとして登録されており、緑の空間が少ないシアトルのダウンタウンにおいて貴重な空間となっている。ただし、人々が行き交う歩道空間とは階段や段差で切り離されており、構造上人目につきにくいことから、公園内でくつろぐことは治安上躊躇するのが正直なところだ（図19）。現在同様のプロジェクトが行われたら（実際高速道路上に公園や住宅を建設する議論が続けられているらしいが）、ストリートレベルと公園の高さを合わせ、緑の量を調整しながら見通しのよさを意識してデザインされていただろう。そこが残念なところではあるが、フリーウェイ・パークは高速道路上の人工地盤とは思えないほど、静けさと浄化した空気をダウンタウンにもたらしてくれていることも事実である。

■高架橋の撤去とウォーターフロント再生

もっとも、フリーウェイ・パークは高速道路の影響を「緩和」はしたが、高速道路が都市を分断しているという課題を根本的に解決できたわけではない。先に述べた通り、近年は高速道路自体を都心部の地上から撤去しようという動きが全米で見られる。撤去は根本的な解決方法だが、もちろん莫大な資金と時間がかかる。それでも、都市の近代化を象徴するこれらの工作物を取り除くことは、「ウォーカビリティ」の掛け声の下、実行するだけの価値があるのだ。

上：図20　渋滞する高架の高速道路（2003年）[61]
下：図21　高架橋が撤去され、ダウンタウンとウォーターフロントが接続された（「Overlook Walk」と呼ばれる公園を工事中だった2023年当時）

シアトルは近年、ダウンタウンのウォーターフロントを市民に開放するべく、高速道路の高架橋の撤去を進めてきた。海運の拠点として産業港としても重要な場所であったシアトルのウォーターフロントは、1966年に完成したバイアダクトと呼ばれる2階建ての高架の高速道路によって長年中心部とのアクセスが分断されていた（図20）。港町としてのイメージが強い都市としては意外なほどウォーターフロントへの接続は悪く、美しいエリオット湾は長年近寄りにくく、遠くから眺める存在だった。

ウォーターフロントへの接続という課題は長年抱えていたものの、2001年に起こった地震で高架橋の橋脚がダメージを受けたことが高架橋撤去のきっかけとなった。そこから高速道路をどうするか、市民参加のミーティングが何度も繰り返され、2004年には300人規模のシャレットが行われ、高架案、地上案、地下トンネル案が選択肢として参加者に提案された。そして最終的には、地下トンネル案が選ばれたのである。[62] 2019年に高架橋は撤去され、ダウンタウンからエリオット湾がすっきりと見通せるようになった（8頁下写真、図21）。

まだ工事中とはいえ、自動車交通に占拠されていたウォーターフロントは歩行者に取り戻され、歩行者量も増えた。ここからウォーカブルなウォーターフロントが形成される…と言いたいところだが、それを実現するには、空間的な問題もまだある。第一に、ダウンタウンとウォーターフロントの間に相当な段差があることだ。中心街とウォーターフロントの間は場所にもよるが、30m近い高低差があったりする。第二に、ウォーターフロント側からは建物の「裏」しか見えないことだ。

上：図22　高架橋の撤去前（2009年）。地上部分からも高架橋でまちが分断されている様子がわかる。高架橋の下は駐車場や車道として利用され、歩行者に優しくない空間であった
下：図23　高架橋の撤去後の同場所（2023年）。高架橋が解体され、中心部とウォーターフロントが空間としてつながった。視界と歩行者専用空間が拡がり、歩く人が増えた

高架の高速道路が撤去されて見えてきたものは、長年高架に隠されていた建物の裏側である。撤去前／撤去後の同じ場所を比較した写真（図22、23）を見てもその様子がわかるだろう。すでにいくつかの建物は新しくなっているようだが、これからウォーターフロント側が街並みの「表」になるにはそれなりに時間がかかるだろう。

なおすでにパイクプレイスマーケットでは上から高速道路の跡を見下ろせるような展望所が設置されている。そして、マーケットのすぐ下に位置するシアトル水族館が拡張し、利用者は「Overlook Walk」と呼ばれるデッキを通ってダウンタウンからウォーターフロント側に降りる動線も確保された。これでさらにウォーターフロントに向かう歩行者が増えそうだ。

ウォーターフロントはかつての港の機能が縮小するなかで、他の都市でも開発のフロンティアとして積極的な用途転換が進められてきた。その先駆例はボルティモアやボストンなどで、全米で多くの事例がある。シアトルは、遅ればせながら中心部のウォーターフロントの積極的な空間活用がついに実現する。これは、シアトルのイメージ（港湾都市、シーフードなど）からすると、意外なほど遅かった。その理由はいくつか考えられるが、機能的な問題としてウォーターフロントの高架橋の交通量が多すぎて交通処理の観点から撤去が難しかったということもあるだろう。そして、シアトルらしいプロセスを辿った市民参加によって民主的な意思決定に時間がかかったということも一つの理由として考えられる。しかし、高架橋の撤去によってこれから中心部がようやく「シアトルらしく」水辺とつながっていくことになる。

全米上位のウォーカブルシティ

こうした高架橋の撤去やウォーターフロントの整備の背景には、歩行者中心のまちをつくる「ウォーカビリティ（歩きたくなる）」の考え方が浸透してきたことがある（8頁上写真）。

シアトルは2021年のウォーカビリティの全米ランキングで第9位とされ[63]、実際、シアトルでは車を運転しなくても生活は可能である。筆者はアメリカ東部の都市にも住んだことがあるが、シアトル中心部と違って1時間に1本しかバスが運行されておらず、それさえも遅延が甚だしいので1時間かけてアジア系スーパーに歩いて行き、帰りは生鮮食品を抱えてUberで帰ったことがある。このように、シアトルの外に出ると、アメリカで自動車を所有しないことの時間的・社会的コストを改めて思い知らされる。しかし、たとえばミレニアルズやZ世代と言われる世代は、そもそも車の免許さえ持たない人も増えてきている[64]。そういう世代が住みたい場所としてシアトルが選択肢の一つに挙がるのも、当然のことだろう。

シアトルの気候は、夏は涼しく爽やかな一方で、冬は日本海側の気候のようにどんよりとした天気だ。緯度の高さから想像するほどは寒くなく、雪は少ないが、ずっと曇りや雨の日が続く。車を使わなくても移動できるくらいの公共交通網は整備されているが、ニューヨークのように地下鉄が張り巡らされているわけではない。実のところ、全米上位のウォーカブルな都市は、地下鉄があるか、もしくは冬でも暖かな気候のところが多い。一方、シアトルではLRTはあるが地下鉄は

図24　シアトル市内のLRT。ダウンタウンの地下でデパートに直結するウェストレイク駅（2021年）

なく、冬は天気が悪く朝8時まで暗く、午後4時過ぎには日が落ちて真っ暗になる。ウォーカビリティには不利な条件が揃っているにもかかわらず、シアトルはなぜ全米上位に位置づけられるほどウォーカブルな都市となったのだろうか。

■公共交通の増設とTOD

自動車が大衆に広く普及する前の１９２０～30年代のシアトルではストリートカーが市内中に張り巡らされていた。ストリートカーは経営の困難さからその後運行停止となり、[65]同時期に郊外化も進展し、自動車を購入できる層は郊外に移っていった。シアトルではその後バス路線のネットワークが公共交通の役割を担った。さらに、ＬＲＴが２００９年に空港からダウンタウンまで、２０１６年にワシントン大学まで、そしてさらに２０２１年には大型ショッピングセンターのあるノースゲートまで延伸した（図24）。今後もさらなる延伸と新規路線が計画されているが、シアトルではＬＲＴの整備が進むことでウォーカビリティの高さもさら

図25　チャイナタウン／インターナショナル・ディストリクトを走るファーストヒル・ストリートカー（2023年）

に評価されるようになってきた。

LRTの駅周辺には公共交通指向型開発と訳されるTOD（Transit Oriented Development）が進められ、低所得者向けのアフォーダブル住宅が内包された。LRT以外にも、サウスレイクユニオンのストリートカー（2007年）や、ファーストヒル・ストリートカー（2016年、図25）も整備され、公共交通の選択肢も増えた。その他にも、自転車道の整備が進められ、また、シェア自転車だけでなくシェアスクーターなどのマイクロモビリティも普及し（図26）、道路の片隅にスクーターなどが乗り捨てられている様子もよく見られる（返却の方法としては正しいようなのだが）。

そもそもLRTのような鉄道網の整備に関しては、前述した通り、フォワード・スラスト運動による提案が住民に二度否決され、最初の住民投票から20年後の1988年に行われた住民投票でようやくGOサインが出たという、かなりの回り道をした経緯がある。その

図26　シェアスクーターもまち中に配備されている（2022年）

せいで、当初連邦政府から準備されていた予算はアトランタの地下鉄整備に回されてしまったと言われており[66]、今では鉄道網の整備を否決した当時の決断を後悔する論調も多い。

そして１９９０年に州がプロジェクトのための税徴収を認可し、１９９６年には空港からワシントン大学までのＬＲＴ整備予算が住民投票で可決され、本格的にプロジェクトが動き始めた[67]。ただ、これはシアトル市だけで実現できるプロジェクトではなく、たとえばシアトルの国際空港であるシー・タック空港はシアトル市外にあるなど、市域や郡を越えて広域で動かなければならない案件だった。そこでシアトル市が位置するキング郡を含めた三つの郡の公共交通を運営する機関として「サウンド・トランジット」が創設された。サウンド・トランジットは、シアトルからマイクロソフト本社のあるレッドモンドや郊外都市ベルビューなどをつなぐ広域のバスも運行する。

ところで、ＬＲＴは莫大な資金を必要とし、都市を大改造するプロジェクトでもあるため、もちろんすんなりと進んだわけではない。シアトルのＬＲＴは地下を通る区間も多く、環境への負荷などについて議論が起こった。紆余曲折を経てなんとか開通したＬＲＴだが、結果的には空港へのアクセスを向上させ、歩いて暮らせる住まい方を提供することにつながったのである（正直言えば、15分に１本程度と運行頻度はあまり高くないため、到着時間が読めないという難点は感じる）。シアトル近郊の路線は現在２路線となり、さらに新路線の開通が予定されている。近い将来、これまでアクセスに時間がかかったネイバーフッド間の移動もかなり短縮されるであろう。

ちなみに、ＴＯＤがシアトル都市圏の戸建て住宅価格にどのような影響を与えたかについては、「交通拠点に近いほど（この場合０・５マイル＝約０・８㎞以内が特に）住宅価格が上がった」[68]との研究がある。この研究は郊外型のバスの拠点を調査しているものだが、ＬＲＴも同様に住宅価格への影響が大きいと考えられる。ウォーカブルな都市づくりは、都市の価値が上がる要因にもなるのだ。

■商業地域の歩行者専用ゾーニング

シアトルでは、マクロ的な政策としてのアーバン・ビレッジ戦略（３章参照）や公共交通の政策に加えて、もう少しミクロなスケールの都市デザイン的要素もウォーカビリティの向上に重要な役割を果たしている。その一つが、商業地域における歩行者専用ゾーニングである。これは容積や

図27　キャピトルヒルの歩行者専用ゾーニングエリア（2023年）。歩行者は透過性の高い店舗ファサードを眺めながら、庇の下を歩く

高さを定めるものではなく、主に日本の近隣商業地域のような位置づけの「ネイバーフッド商業地域」に上乗せして「歩行者専用ゾーニング」が一部指定されるようなもので、日本で言えば地区計画に近いかもしれない。このゾーニングの中では、さまざまな規定がある。特徴的なのは、「オーバーヘッド・ウェザー・プロテクション」（雨をしのげる庇のようなもの）とファサードの透明度に関するルールだろう（図27）。

映画などでもシアトルと言えば雨というイメージで描かれるのだが、どちらかと言えばシトシトと降る霧雨が多く、庇があれば十分に「ウェザー・プロテクション」になる。この規定では、たとえば主要な通りではファサードの60％以上の幅の庇をつける[69]ように、と定められている。

また、屋内・屋外両方からの見通しを良くして、歩きたくなる通りにするために、ファサードの透明度については以下のように細かく定められている。[70]

・歩道から2フィート（約0・6m）から8フィート（約2・4m）の高さの間は、通りに面したファサードの60％は透明でなければならない

・ファサードの透明な部分は、構造物の内外を見通せるように設計および維持されるものとする。……サイン、……家具、備品……は、隣接する通りから4フィート（約1・2m）から7フィート（約2・1m）の高さの間は内外への視界を完全に遮るものであってはならない

このような空間的設えを指定されている歩行者専用ゾーニングは、商業の賑わいを保つためでもあり、店舗を楽しく眺めながら回遊してもらうためのものでもある。

■道路占用による公共空間利用の拡張

また、ウォーカビリティの新しい要素として公共空間、主に道路への店舗空間の拡張がある。これはパンデミック中に室内での飲食のキャパシティが制限されたことで緊急的に許可されたものだ。全米各都市で同様の措置がとられたが、シアトルでも2020年から2023年まで、「Safe Start」という名前で道路の活用が許可された（図28）。全米の他の都市では主に「アウトドアダイニング」と呼ばれ飲食の用途として使われることが多かったが、シアトルでは飲食以外にも物販の展示や、アウトドア・フィットネス、購入品のピックアップのために公共空間が活用できるように

図28　サウスレイクユニオンにあるアマゾンのヘッドクォーター前の公共空間の活用（2021年）。仮設だが寒い時期でも快適に滞在できるように設置され、ちょっとした休憩に使われるなど、一般に開かれていた

なった。[71] こうした店舗空間の屋外への拡張は多くの都市でその後も恒久化されることとなった。

このような公共空間の変化は、パンデミックでいきなり始まったわけではない。もともと、「プレイスメイキング」の一環として、低予算でカジュアルに公共空間に仕掛ける「タクティカル・アーバニズム」はパンデミック前から浸透していた。たとえば、道路の駐車帯を占用して歩行者空間とする「パークレット」は以前から行われていたが、パンデミック以降より一般的な取り組みとして認知されるようになった。

このような都市における空間的介入は、もともとは車から人へまちを取り戻すことを目的とする運動でもあり、そもそもはインフォーマルなものとして生まれてきたが、今ではまちの経済や文化の一部を担うメインストリームの取り組みとして「正式な計画実践の形へと変貌を遂げた[72]」と言われている。確かに、近年はゲリラ的に行われるというよりも、当局の許可を得てガイドラインに従った上で、外形上は「インフォーマル感」を残した道路活用がされている。

　シアトルでは集団で申請することで車道を閉鎖するなどして公共空間を活用し、活気のあるレストランの前などは公共空間に賑わいがはみ出してきていたが、その後パンデミック中の特別措置が終了して道路占用の数自体は減った。しかし、こうした道路占用による活用はパンデミック後もウォーカビリティの要素として定着し、都市のかたちを変えていきそうである。

　以上、シアトルの現在までの都市としての発展を見てきた。ただし、これらの発展には葛藤もつきものである。たとえば近代化のなかで地域価値が失われる危機に瀕したり、めざましい発展が進み、住みやすくなったがゆえに人口や資本が流入して開発やジェントリフィケーションが進み、住宅価格の高騰によって住み続けられない人々も現れた。こうした問題に対して、早くから市民参加の実践を積み重ねてきたコミュニティは日々試行錯誤し、必死に取り組んできた。その活動の舞台は「ネイバーフッド」であった。

　次章以降では、こうした発展と葛藤の具体的な舞台として、ネイバーフッドという切り口からシアトルのまちを観察していこう。

3章

City of unique neighborhoods

個性的なネイバーフッドがつくる都市

シアトル市は「シティ・オブ・ネイバーフッド」と呼ばれるほど、ネイバーフッドの個性が集合した都市である。本書ではこの「ネイバーフッド」という、地理的かつ社会的単位を表すキーワードを用いながら、シアトルが発展することで、それぞれのネイバーフッドが抱えてきた市民と資本との葛藤としての物語を描出し、都市としてのシアトルを読み解く。まず、ネイバーフッドがいかにまちづくりにとって重要な要素となり、舞台となってきたかを探るために、シアトルにおけるネイバーフッド政策について見てみよう。

1 ネイバーフッドとは何か

ところで「ネイバーフッド」とはそもそも何だろうか。

英語の語源辞典[1]によると、この単語は17世紀にはすでに「近接して住んでいるコミュニティ」のことを意味して用いられていたようだ。また、ネイバーフッドという概念そのものには、三つの流れがあったとされている。

第一に、19世紀のセツルメント運動（生活改善のための社会運動）での住環境改善の対象としての集団であり、均質性を有し、相互関係を持つ社会的な集まりとしてのネイバーフッドである。第二に、１９２４年のクラレンス・ペリーの近隣住区論に代表されるような空間的単位としてのネイバーフッドがある。そして第三に、戦後の市民参加のプログラムの中で発展してきた、コミュニティ活動の主体としての政治的なネイバーフッドである。[2] とりわけ有名なのは、空間的単位としてのネイバーフッドについて論じた、ペリーによる1924年の近隣住区論だろう。これは空間計画的な側面から、道路の配置やコミュニティの規模、用途配置のあり方をユニットとして示し、ニュータウンの計画にも大きな影響を与えた。

一方で、日本では「ネイバーフッド」という概念にはまた少し異なった用法もあり、ご近所的な地縁型コミュニティと類似した使われ方も増えてきた。いわゆる隣人（neighbor）のコミュニティというニュアンスである。たとえば国土交通省では、「ネイバーフッド」をポストコロナの多様な暮らし方・働き方を支えるための「日常生活を営む身近なエリア」として説明しており、[3] それがイメージする範囲はエリアマネジメントや地域拠点など、施策に合わせて柔軟に設定され、むしろ「関係」としての範囲を示す意図が強いように見える。

このように、地理的な単位としての意味と社会的意味の両方が「ネイバーフッド」という用語に備わっており、その二つの意味を併せて、以下のような側面を持つと整理されている。[4]

・環境的な位置づけと、自然・地理的条件から生じる物理的な特性や、活動および用途のあり方から物理的に区切られた領域
・地域内外の住民に利用される店舗や学校、交通機関などの施設のエリア
・コミュニティや住民にとっての価値を象徴するもの（たとえば民族、宗教、政治など）

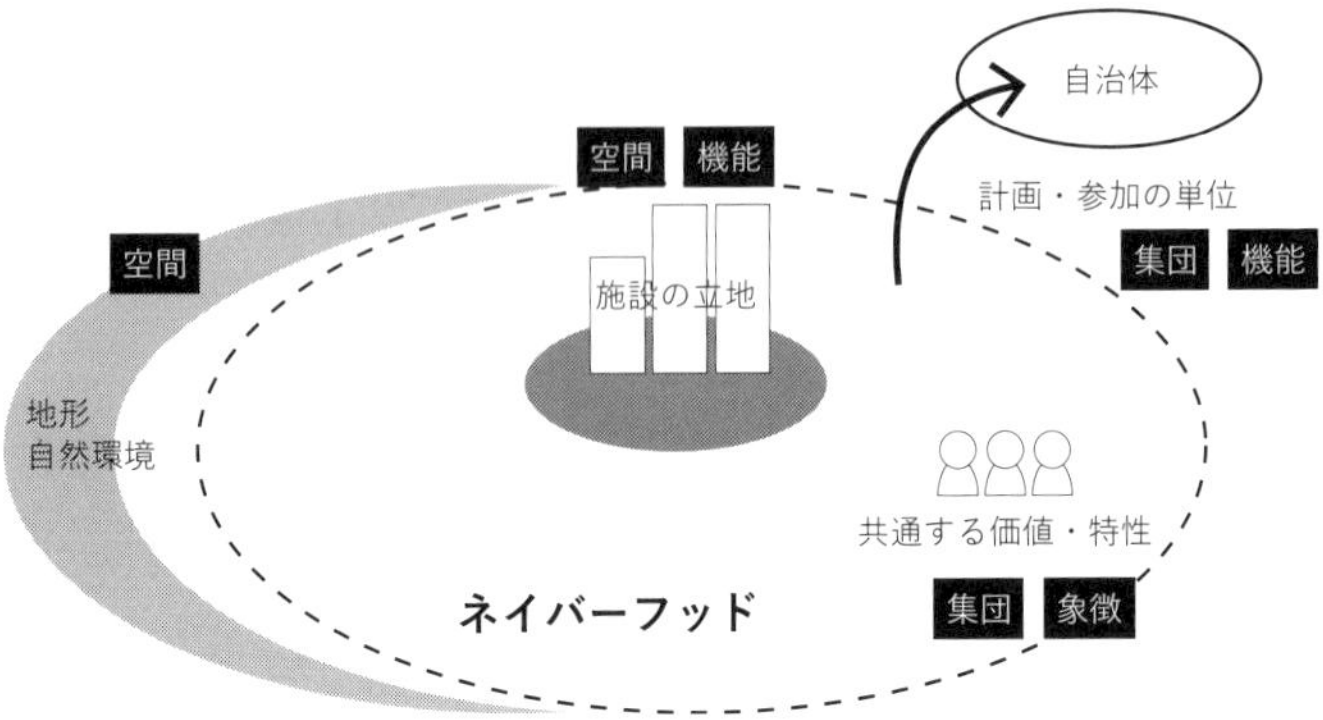

図1 「ネイバーフッド」の持つ多面的意味

・その場所に特別な雰囲気をもたらす力が作用するエリア（たとえば移民のゲットーや中産階級の郊外など）

このような指摘はそれぞれ、ネイバーフッドの「空間的な領域」「機能的な役割」「象徴的な価値」「集団的な特性」を示していると言える。空間的な領域としてのネイバーフッドの範囲はもともとの地理的・自然的条件で規定されたり、都市計画のエリアとして位置づけられたりするが、そこに共有される価値や集団としての特性など社会的意味が付与されて一体としての「ネイバーフッド」となるのである（図1）。

シアトルのネイバーフッドも地理的条件や、価値を共有する社会的集団として形成されてきた。そこから都市計画の単位として市によって役割を位置づけられたなかで、政治的な単位ともなってきたのだ。シアトルのまちづくりに多様性、ボトムアップ力、地域の個性が感じられるのだとしたら、それはこうした多面的な役割を持つネイバーフッドが単位として機能し、そこに帰属意識を持つ住民が活動してきたからである。

2 「シティ・オブ・ネイバーフッド」としてのシアトル

シアトルでは1999年に各ネイバーフッドでネイバーフッド・プランを策定した。実のところ、シアトルのネイバーフッドは大まかな範囲と名前はあるのだが、その呼び方や範囲が統一されていない。ネイバーフッド・プランは38のネイバーフッドでつくられたが、シアトル市では部局によってネイバーフッドの範囲設定は異なり、また、時代によっても境界線は変化することから『正確な』ネイバーフッドの地図は存在しない[5]」としている。ただ、なんとなくあのエリアはあのネイバーフッド、という感じで名称と境界線のイメージは存在している（図2）。

なお、シアトルのネイバーフッドは、すでに存在していた市域を区域分けしたというよりも、徐々にネイバーフッド的な単位が市に合併されて形成されてきた部分が大きい。1869年にシアトル市政がスタートした時、シアトル市そのものの地理的範囲は小さかった。しかし、その後長い時間をかけて現在のダウンタウンを中心とした範囲から北部と南部に徐々に市が拡大していったのだ。その際にはすでに都市として存在していた隣接地域もシアトル市に併合された。そして、合併地域が市のネイバーフッドの一つになっていったのである（図3）。もともと内包していたネイ

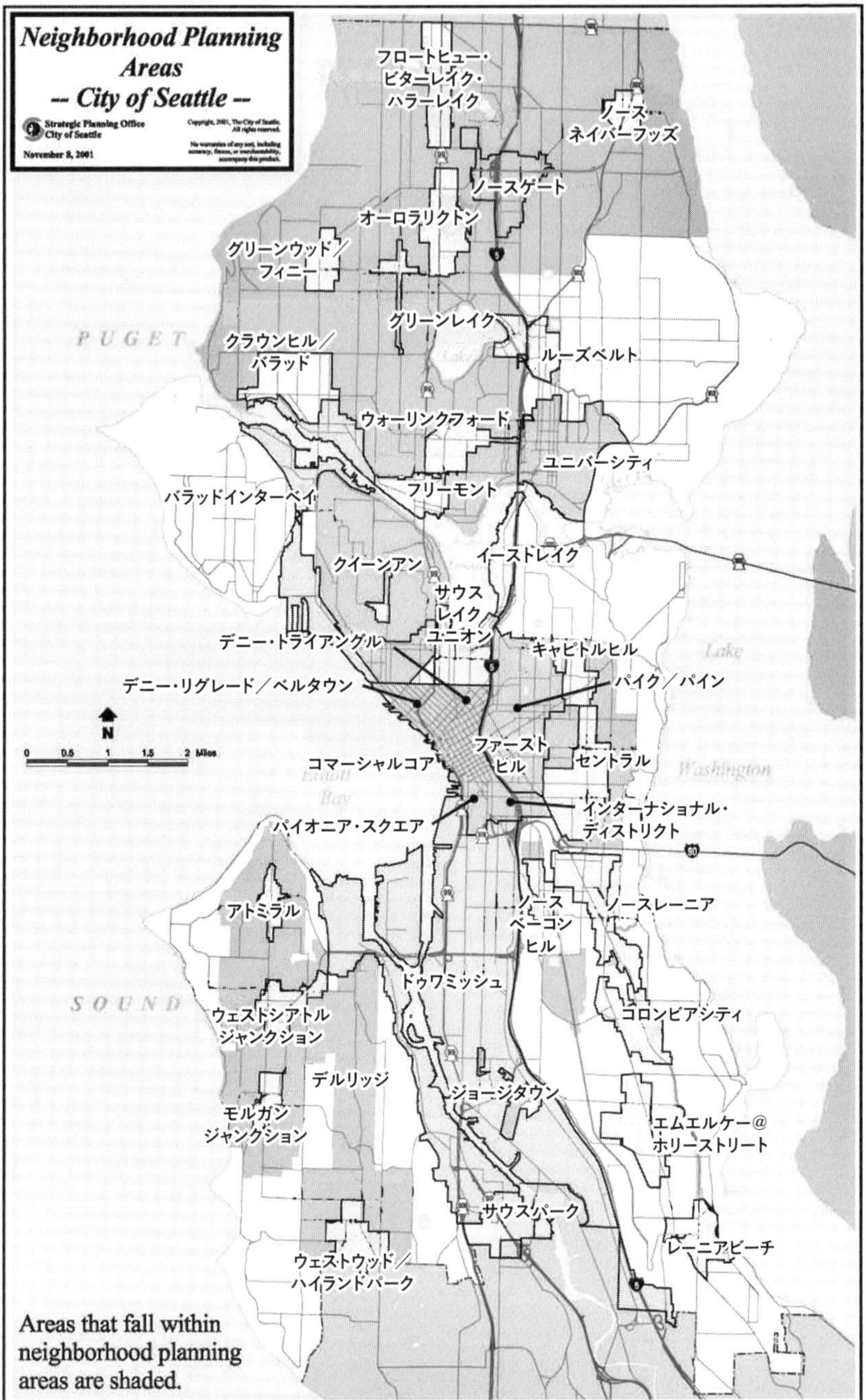
Neighborhood Planning Areas
— City of Seattle —
Strategic Planning Office
City of Seattle
November 8, 2001
Copyright, 2001, The City of Seattle. All rights reserved.
No warranties of any sort, including accuracy, fitness, or merchantability, accompany this product.
フロートヒュー・ビターレイク・ハラーレイク
ノース ネイバーフッズ
ノースゲート
オーロラリクトン
グリーンウッド／フィニー
グリーンレイク
PUGET
クラウンヒル／バラッド
ルーズベルト
ウォーリンクフォード
ユニバーシティ
フリーモント
バラッドインターベイ
イーストレイク
クイーンアン
サウス レイク ユニオン
デニー・トライアングル
キャピトルヒル
デニー・リグレード／ベルタウン
パイク／パイン
N
0 0.5 1 1.5 2 Miles
ファースト ヒル
コマーシャルコア
セントラル
Lake Washington
パイオニア・スクエア
インターナショナル・ディストリクト
ノース ベーコン ヒル
ノースレーニア
アトミラル
ドゥワミッシュ
SOUND
ウェストシアトル ジャンクション
コロンビアシティ
デルリッジ
ジョージタウン
モルガン ジャンクション
エムエルケー@ホリーストリート
サウスパーク
レーニアビーチ
ウェストウッド／ハイランドパーク
Areas that fall within neighborhood planning areas are shaded.

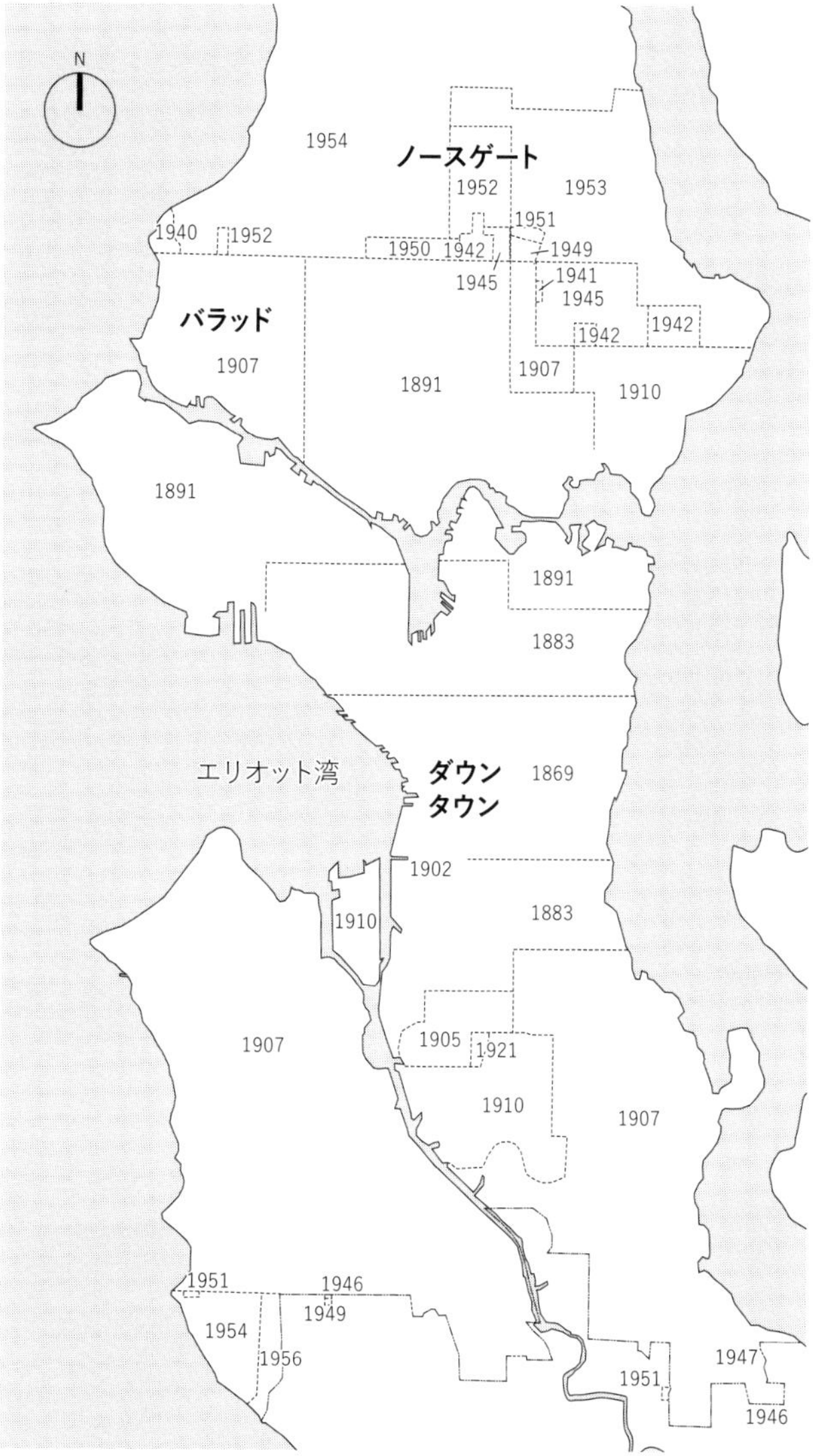

図3 各地域がシアトル市に併合された年代[7]

右頁：図2 ネイバーフッド・プランニングの対象地域[6]

バーフッドの個性に加え、外部からパッチワーク的に接続してきた多様なネイバーフッドの個性が、「シティ・オブ・ネイバーフッド」としてのシアトルをつくりだした。

併合されたネイバーフッド

外部からシアトル市に併合してネイバーフッドとなった一つの例を紹介しよう。シアトル市北西部にある「バラッド」と呼ばれる地域は、隣接した町として存在していたものが住民投票の結果合併され、ネイバーフッドとなった例である。もともとスカンジナビア諸国からの移民が自分たちのライフスタイルや産業（木材、漁業）に適した場所として港湾地域に面しているこの土地を選び、スカンジナビア文化が育まれてきた地域である。そのような個性を持ったバラッドが１９０７年にしぶしぶシアトル市に併合されたのは、皮肉にもまちとしての成長の結果として、人口増加が市のサービス提供能力を上回り、シアトル市に頼ることとなった水道サービスの支出が市の負債を増やすこととなり、多くの市民は市の維持が不可能になるだろうと考え始めた[8]ということがある。最近は新規のマンション建設も増えて徐々にジェントリフィケーションが進んだとはいえ、地域の歴史を伝えるスカンジナビア博物館が位置し、中心部は三角形のベルゲン・パーク（図４）を挟んで低層の個人商店が並ぶなど、今でも小さなコミュニティとしての雰囲気が残っている。ここは初期の移民の「象徴的価値」としてのネイバーフッドを体現しているのだ。

上：図4　バラッドのベルゲン・パークにはスカンジナビアからの移民の歴史を伝える壁画が飾られている（2022年）
下：図5　現在のノースゲート駅周辺。パーク＆ライドの駐車場が駅を囲む（2021年）

その他にも第二次世界大戦後の1950年に全米初のショッピング・モールが開業したノースゲートがある。ここは1952年にシアトル市に併合され、当時は市の北端に位置していたが、郊外化が進展するなかで市街地はさらに北部に拡大していった。[9] ノースゲートは後にパーク&ライドのためのトランジットセンターがつくられ、LRTの駅が開設されるなど交通拠点として成長し、ここは主に「機能的役割」としてのネイバーフッドが見られる（図5）。

このように、隣接する地域がシアトルのネイバーフッド化していった背景には個別の理由があるのだが、個性のある地域が段階的に接続して、最終的に今の市域をつくっていった。その「段階」が、ネイバーフッド都市を形成したのである。

3 市のネイバーフッド政策の変遷[10]

このように、シアトルでは徐々にネイバーフッドの数が増えていったが、市政が成熟するなかで、ネイバーフッドは、もともと地理的・社会的特性を持つ集団として成立したものが、行政区域の中の小区域として市民参加や都市計画の単位としても用いられるようになった。このことは、ネイバーフッドという単位をより市民生活に密接なものとしていった。

モデル・シティ・プログラムによる目覚め

シアトル市では、早くも1920年代には「当時のコミュニティセンターと言える場所ではさまざまな市民による会合が行われ…市民たちはネイバーフッド組織を設立し、ネイバーフッドの発展と保全を助けた」[11]という記録が残っているなど、ネイバーフッド単位でのコミュニティ活動の歴史が長い。

そして連邦政府による助成プログラムであり、市民参加を条件とする「モデル・シティ・プログラム」に1968年に全米で初めて選定された都市でもあった。「モデル・シティ・プログラム」とは、ジョンソン大統領が実施した貧困対策の一つであり、ブルドーザーで都市を破壊したアーバン・リニューアルの反省を受けてコミュニティの再構築を目指したものである。

シアトルが「モデル・シティ・プログラム」に選ばれた1968年と言えば、住宅の取得や賃貸における差別を禁じるフェア・ハウジング法が成立するなど、公民権運動が施策に影響を与えた時期であり、シアトルはそうした新しい風を受け止める実験都市として連邦政府に選ばれたのだった。このプログラムでは、対象となる「荒廃した」モデル地区の市民が参加することが条件となっており、市民のタスクフォースが地域の住宅改良、交通や公園の改良などの計画策定プロセスに関与するという経験を積んだのである。[12]

市民参加の停滞とネイバーフッドへの再着目

しかしモデル・シティ・プログラムの後、連邦政府からの補助金が減少したことで、１９８０年代には市民参加が後退する時期が続いた。そこで、市民参加の停滞ぶりに不満を持った市民グループが、ダウンタウンだけでなくネイバーフッドの問題に対して目を向けるよう市議会議員に改善を働きかけた。同時期、１９７８年には、連邦地域再投資法がカーター政権によって制定され、ネイバーフッドへの再投資運動が活発化した。この運動は、１９８０年代にダウンタウンの開発計画にも影響を及ぼすようになった。[13]

そして、市は計画単位としてのネイバーフッドを捉え直し、ネイバーフッド主導によるまちづくりを促すことを検討し、プランニング委員会から市長と市議会宛に「Planning Commission Recommendations on Neighborhood Planning and Assistance」（１９８７年）というレポートが提出された。そこでは「ネイバーフッド・セルフ・ヘルプファンドの設立」「市の予算プロセスへのネイバーフッドの関与の強化」「サービスが行き届いていない地域へのコミュニティ支援の拡大」などが提言されている。[14] この時点ではネイバーフッドへのアプローチは十分でなく、既存の活動組織の把握も含めて、計画づくりのためにネイバーフッドを地理的・組織的に再定義する必要があった。[15] このような提言の結果、ネイバーフッド事務局、ネイバーフッド・マッチング・ファンド、地区協議会が設立され、かつ市全体としてシティ・ネイバーフッド協議会の設立が決定された。そこから、より市民がネイバーフッドを単位として自立的に関与する仕組みがつくられたのである。[16] ここにネイバーフッドが正式な計画単位として確立した。

ネイバーフッド政策のための理想的構造

シアトル市はネイバーフッドを正式な計画単位とするなかで、政策を管轄する部局としてネイバーフッド局をつくり、ネイバーフッド単位でまちづくりを考えるためにネイバーフッド・プランが策定され、それを実行するためにネイバーフッド・マッチング・ファンドが準備された。

■ネイバーフッドでのプログラムを推し進めるネイバーフッド局

シアトルのネイバーフッド政策の要となるのが、ネイバーフッド局である。1988年にネイバーフッド事務局が小さな規模で立ち上げられ、1991年にはネイバーフッド局へと昇格し、ネイバーフッド単位のプランニングシステムがより強固になった。シアトルには13の地区協議会があり、そこに市のコーディネーターが派遣されていた。

各地区協議会からシティ・ネイバーフッド協議会に代表が出され、シティ・ネイバーフッド協議会では市長と市議会の諮問機関として、地区協議会が審査したネイバーフッド・マッチング・ファンドやその他の基金のプロジェクトを推薦する役割を果たしていた。[17] ネイバーフッド局はこうしたネイバーフッド政策を推進していったのである。

■2万人の市民が参加したネイバーフッド・プラン

シアトル市にはコンプリヘンシブ・プランという総合計画があるが、これはワシントン州が1990年に制定した成長管理法（Growth Management Act）によって、成長著しい郡と市に作成を義務づけたものである。総合計画は、無計画なスプロールを防ぐために、今後20年間に市が「どう成長していくか」を明らかにすることが目的であった。

ネイバーフッド・プランは、総合計画の一部として、現在のネイバーフッドの枠組みの中で集中して成長していくことを目的とし、その中でネイバーフッドの特性やニーズをどう生かしていくかを住民の意見を反映して作成したプランである。この計画策定の住民参加プロセスで「地域住民が法的に担保された指導的な役割を担い、シアトル市と協力して、将来の成長に対応するための近隣計画を構想、設計、実施する協働プログラムを構築すること[18]」が目指された。

シアトル市によると、当時2万人近くの市民がネイバーフッド・プラン策定プロセスに参加したようだ。このようにネイバーフッド・プランづくりで市民との協働が当時うまく機能した背景には、市民との信頼関係を構築し、関与の度合いに濃淡はありつつも参加できるようにアウトリーチを行い、市民に計画のためのツールを提供しながら、段階的なプロセスで計画をレビューしていった[19]ことがあるとされている。ネイバーフッド・プランには実現したものもあればしないものもあったが、多くの地域のステークホルダーやコミュニティが参加し、何年もかけて計画づくりを一緒に行ったというプロセス自体に大きな意味があり、これはとても「シアトル的」なやり方だったのだ。

■市民の労力に見合う金額を助成するネイバーフッド・マッチング・ファンド

さらに、市民がネイバーフッド単位でまちづくりへの関与を促す仕組みである「ネイバーフッド・マッチング・ファンド」が1988年に誕生した。このファンドは、市民が提供する労力を貨幣価値に換算し、それに「マッチング」させて労力の貨幣価値に釣り合う金額の助成を配分する仕組みである。この仕組みは日本にも紹介され、たとえば神戸市やさいたま市など、いくつかの自治体で採用された。

こうした仕組みは、そもそも市民がネイバーフッドに対して愛着を持ち、責任を持って労力を提供し、プロジェクトを遂行する土台があることで成立する。このファンドの創設に関与した人物に2005年にインタビューしたことがあるが、「我々が『これ（マッチング・ファンド）を使うといいよ』と市民に薦めたのではなく、人々は自分がやりたいプロジェクトを持ってやって来た」と証言していた。シアトルには当時からそうした土壌が醸成されていたのである。シアトルのマッチング・ファンドは自由度も上限金額も高く、ちょっとした修繕の手伝いから本格的な空間整備に関するものまでさまざまな段階があり、シアトル市民にとって自分に合ったレベルでの関わり方ができる参加のシステムである。マッチング・ファンドで実現した事例は後述する。

ネイバーフッド政策の現実世界

このように、ネイバーフッド局、ネイバーフッド・プラン、マッチング・ファンドなど高度に構造化されたネイバーフッド単位での市民関与のシステムが構築されたが、それらは理想的に見えながら、永続するものではなかった。

２０１６年にはこれらのネイバーフッド政策は大幅に修正され、理想的に見えたネイバーフッドをベースとした市民の関与システムの行き詰まりが指摘された。たとえば、マッチング・ファンドの審査を行う人材が見つからなかったことや、少数の住民だけが熱心に参加しているような状態になっていること、そして熱心に関与する住民の傾向として「40歳以上、白人、持ち家居住者」であるという実態[20]があったのだ。日本の市民参加でも同じような課題があり、こうした理想と現実の乖離には既視感がある。

このような乖離を生じさせた背景として、まず、地区協議会のメンバーの偏りを修正することが難しかったこと、また、部局をまたいでネイバーフッドの課題を包括的に考えるようなシステムづくりが難しかったことなどが挙げられる。熱心に参加してきた市民にとっては、このような指摘を不満に思う部分もあっただろうが、特に２０００年代に入ってから市の人口が急激に増えていることを考えると、新規住民の参加機会を創出できなければ、システム不全になってしまうことは必然だったのかもしれない。

ボーイング社の不況期も含め、１９７０～80年代には人口が減少している時期もあったため、急激な新規人口の増加はシアトル市が予想していたことではなかったかもしれない。そのため、ネイバーフッド関与のための提言が出され、ネイバーフッド事務局が立ち上がった１９８０年代後半においては既存のコミュニティ団体や長期居住者が深くコミットし、参加するやり方が実情に合っていたのだろう。

90年代の理想と今

そのようなことから、２０１６年の修正でネイバーフッド政策の中で大きな役割を果たしていた地区協議会と市の関係が途切れることとなった。ただ、これらの地区協議会はその前から徐々に状況に合わせて縮小していたのである。第一段階として、まず２０１１年に個別のネイバーフッド対応を廃止して、ネイバーフッドを地理的範囲でグループ化して対応するようになったことがある。これは、多分に予算の問題もあるが、コーディネーターの役割が明確でなく、コーディネーターが機能しているかどうかは属人的な部分もあったからだ。そして、２０１６年にシアトル市と地区協議会の公的な関係性は廃止された。地区協議会そのものは存続可能だが、そこではもうネイバーフッド・マッチング・ファンドの審査は行わず、市から得られるサポートは他の団体と同じレベルになった。[21] 現在はマッチング・ファンドの審査は市の職員によって行われ、マッチング・ファ

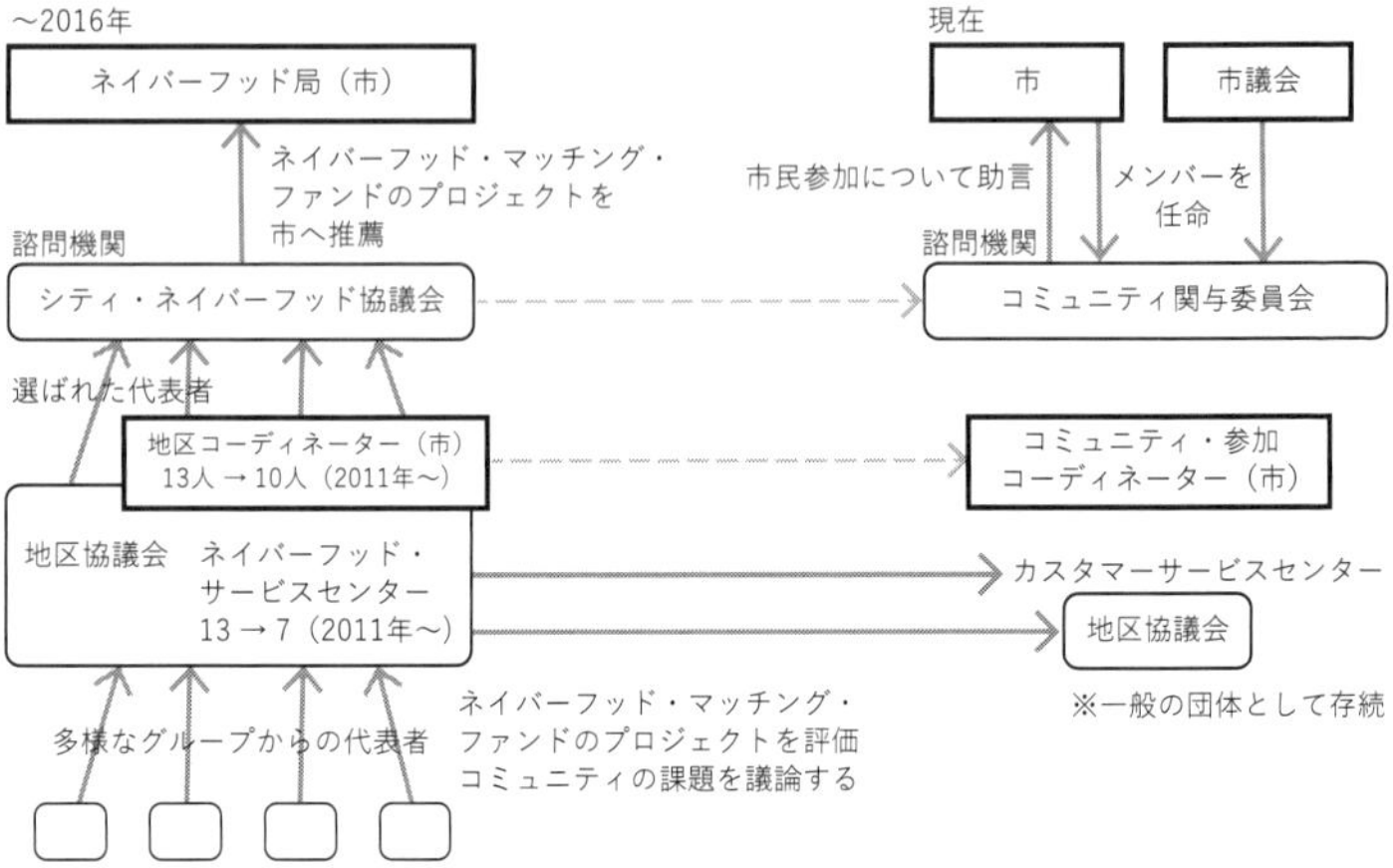

図6　市民がネイバーフッドに関与するシステムの変化[22]

ンドも含めた市全体の市民参加に対する助言を行う「コミュニティ関与委員会」が設置された。このコミュニティ関与委員会には、市政に声が届きにくい層の代表として若者が参加できるようにしている。

これらの動きは、１９８０～90年代には理想的に見えた市民関与のシステムが、いつしか時代遅れとなった結果である。年齢層の高い、持ち家に住んでいる白人が市民関与のシステムで地域を代表する傾向になるのは、多様性に細やかな配慮が求められる現代のアメリカにおいて受容されにくい状況がある。こうしたある種理想的な市民参加のシステムでは、日本でもたとえば１９７５年に設立された中野区の住区協議会が２００６年に廃止になった例などにも見られるように、時間が経つと参加者に硬直化が生じるというのは世界的に共通した事象だ。

また、このような変化が起きたタイミングは、シアトル市が発展し、人口流入が加速するなかで、住宅不足が深刻化し、住宅建設のために都市の高密度化を進める動きが出てきた時期である。その際、それまで熱心にネイバーフッド活動に関与していた住民は、多くが低密度の住居専用地域に住宅を所有して住んでおり、都市内の密度の引き上げに対して反対する動きを見せた。結果的に、そうした反対住民が関与してきたネイバーフッド・プランのプログラムも、当時の市長によってストップされてしまったと、ワシントン大学の研究者が説明してくれた。２０１６年はいろんな意味で風向きが変わったタイミングだったのだろう。

市民がネイバーフッドに関与する構造の変化は図６に示した通りである。必ずしも２０１６年までのネイバーフッド政策が一対一で修正されたわけではないが、設立当時は理想的で構造的だったネイバーフッド政策は、名前を変えて一部存続しながらも今では構造的なつながりを持たない。それぞれに存在しながら、より広い参加を促す仕組みへと変わり、関与の間口が拡がったと感じてそのことを歓迎する層もある。

4　ネイバーフッド・マッチング・ファンド（ミクロスケール）

このようなシステムの変化は近年あったにせよ、ネイバーフッド単位での政策は空間に大きな影響を与えてきた。一つには、ネイバーフッド政策の目玉であり、空間への介入が認められているネイバーフッド・マッチング・ファンド（以下、マッチング・ファンド）によるプロジェクトがあり、もう一つには、市民関与のシステムとはまた別に、ネイバーフッドを計画単位とするアーバン・ビレッジ戦略による空間密度のコントロールがある。

ここで紹介するマッチング・ファンドは、ミクロなスケールの、市民によるボトムアップ的な手触りのある政策で、また、アーバン・ビレッジ戦略については後述するが、これはマクロな空間戦略としての、トップダウン型の密度の分配戦略である。このように異なるスケールと戦略がネイバーフッド空間を形成してきた。

マッチング・ファンドが変えた公共空間[23]

市民参加のシステム自体は修正されたとはいえ、国内外の自治体が模範としたマッチング・ファンドは継続的に市民が「公共」に開かれた空間を変える力として用いられてきた。特に規模の大きなものは、空間へのインパクトが大きい。マッチング・ファンドを利用して市民がつくった公共空間の例を見てみよう。

■［CASE 1］ダニー・ウー・ガーデン：コミュニケーションを促す空間づくり

ダニー・ウー・ガーデンはダウンタウン南部、チャイナタウン／インターナショナル・ディスト

ダニー・ウー・ガーデン関連	アベニュー商店街関連
2003年：公園の新しい顔づくり（植樹を行う） 助成金 36,500ドル 申請時に誓約したマッチング（労力など）の換算額 111,754ドル	1994年：アベニュー商店街の報告書作成 助成金 5,000ドル 申請時のマッチングの換算額 8,810ドル
2006年：グリーン・ストリート・プロジェクト（緑の回廊で公園間をつなぐ） 助成金 96,600ドル 申請時のマッチングの換算額 206,949ドル	1994年：歴史ブックの作成 助成金 5,000ドル 申請時のマッチングの換算額 8,810ドル
2007年：集う場所の整備 助成金 15,000ドル 申請時のマッチングの換算額 85,600ドル	1996年：アベニュー商店街改善プロジェクト 助成金 36,162ドル 申請時のマッチングの換算額 33,200ドル
2008年：子供ガーデンの整備 助成金 15,000ドル 申請時のマッチングの換算額 15,500ドル	1999年：フラワーバスケットの整備 助成金 6,788ドル 申請時のマッチングの換算額 6,788ドル
2010年：子供ガーデンオープンのお祝い 助成金 1,000ドル 申請時のマッチングの換算額 3,925ドル	1999年：バナーの整備 助成金 3,000ドル 申請時のマッチングの換算額 3,000ドル
2012年：調理場の整備 助成金 100,000ドル 申請時のマッチングの換算額 163,480ドル	
2018年：アートの設置 助成金 5,000ドル 申請時のマッチングの換算額 32,600ドル	

ダニー・ウー・ガーデン（2023年）

アベニュー商店街（2005年）

表1　ダニー・ウー・ガーデンとアベニュー商店街が受けたマッチング・ファンド[26]

リクトの北部に位置するコミュニティ・ガーデンである。姉妹都市の神戸市の名前をとった「神戸テラス」の一部として存在し、斜面地を活用した起伏のある公園の中で、この地のコミュニティが多様なアクティビティを行ってきた場所だ。素朴で手作り感があり、急な斜面地なので緑の壁のようにも見えるこのガーデンは、ネイバーフッドと高速道路の緩衝地帯ともなっており、緑が少ないこのエリアにとって貴重な緑化空間となっている。

ダニー・ウー・ガーデンは１９７５年に地域の非営利団体Interimが、地区内の空地の所有者のウー・ファミリーから、年間１ドルで利用する権利を与えられて設立したコミュニティ・ガーデン[24]であり、地域の高齢者や低所得者に畑の区画を貸し出している。Interimは、多くのボランティアを動員して「マッチング」を準備し、これまで7回のマッチング・ファンドを受給した（表１）。担当者によると、このガーデンの80〜90％はボランティアの力で整備されたそうだ。

シアトル市のオープンデータ[25]によると、このガーデンがこれまでに準備した労力等の「マッチング」の算定額は約62万ドルで、市からそれに対して受けた助成額は約27万ドルである（２０２３年現在）。ガーデンの活動としては、改良整備などが行われ、筆者もブタの丸焼きパーティーに参加したことがあるが、地域の文化を意識したコミュニティのためのボランティア・イベントが頻繁に行われており、コミュニケーションを介在する役割としてのグリーン・インフラとなってきた。

■「CASE 2」アベニュー商店街：商店街を立て直す

アベニュー商店街は、ワシントン大学が立地するユニバーシティ・ディストリクトにある。これは、環境が悪化した商店街を立て直そうと、地域のプラットフォーム的組織がマッチング・ファンドを利用して商店街の街路改善計画を作成し、市の公共事業へとつながった事例である。

アベニュー商店街は、ワシントン大学と並行して南北に延びる商店街であり、コピーサービスやカフェなど、学生がよく利用する商店街である。しかし、人気のあった商店街は90年代初頭から徐々に空き店舗やドラッグ売買人が目立つようになった。このような環境悪化に対応するため、地域住民とビジネス関係者など、さまざまな地域グループが集まって話し合うプラットフォーム的組織The Aveグループが1993年に結成され、活動が始まった。[27]

この地域のマッチング・ファンドの使い方の特徴は、計画段階から実行段階までそれぞれに合わせて助成を受けたところにある（表1）。1994年と1996年のマッチング・ファンドの助成によって、計画が具体化され、コンサルタントを雇用して作成した「アベニュー・ストリート・プラン」では、ストリートの安全性を高め、商店街の特性を示すデザインが具体的に示されている。この計画案をもとに、市に対して数年間のロビーイングを行った。そして、ユニバーシティ・ディストリクトのネイバーフッド・プランの中では、The Aveグループの報告書に沿った「アベニュー商店街の改修」が明記され、優先順位の高い項目として位置づけられた。これらの結果、市の予算が付き、ワークショップやオープンハウスなどの活動を経て街路整備事業が行われた。

ここでは、マッチング・ファンドは地元のグループによる、市に対するロビーイングの際の説得材料をつくり、ネイバーフッド・プランでも重要項目として位置づけられ、その結果、市の予算獲得と実際の事業につながったことがわかる。長くThe Aveグループで活躍するボランティア、地元建築家などのネットワークの努力が実を結んだのだ。現在では本をモチーフにしたオブジェやフラワーバスケットなど、歩行者を楽しませるデザインがアベニュー商店街のあちこちに埋め込まれている。

マッチング・ファンドのメリット、デメリット

シアトルのリベラルさの背景に、運動体としての市民の組織力と、市政への参加を巡る長い闘いがあった。マッチング・ファンドは、ネイバーフッドが正式に計画単位として位置づけられるなかで、ボランティアとしての個人的参加やまちづくり活動グループの結成とその成長を促してきた。たとえばマッチング・ファンドを利用して市民が自ら専門家を雇用するなど、コミュニティの育成を支援する効果があった。

ただし、マッチング・ファンドのシステムや予算は政治的な意向にも作用されやすく、その存続可能性は不安定だ。また、マッチング・ファンドは市民が提供する労力にマッチングする金額の助成を配分するというシステム上、動員する人数などを多く集められる組織力・資金力がある組織が大きな助成金を得られるため、参加することができる層に偏りが生じやすい。なので、いかに既存

の団体だけでなく新しい世代やグループを参加させるかがプログラムとしての課題であった。

5 アーバン・ビレッジ戦略（マクロスケール）

マッチング・ファンドは住民がネイバーフッドに関与するボトムアップなシステムだが、都市戦略の側面からネイバーフッドのデザインをマクロなスケールで行ったものとして、アーバン・ビレッジ戦略がある。

シアトル市では州の成長管理法のもと、1994年に市の20年間の総合計画であるコンプリヘンシブ・プランが策定され、その中で成長を誘導する「アーバン・ビレッジ」が位置づけられた。アーバン・ビレッジとはもともとイギリスで1990年に提唱された概念だが、村（ビレッジ）のような緑豊かな環境をまちなかにつくるということを意味しているわけではない。シアトルでは地域に合わせた密度の開発を空間的に集中して行い、公共交通の拠点同士をつないでスプロールを防止し、ウォーカブルな都市空間を形成する戦略として行われた。日本で言えばコンパクトシティの考え方に近く、90年代のシアトル市はすでにコンパクト化の戦略を進めていたとも言える。アーバン・ビレッジとして成長を集中させるエリアは何段階かに分けて設定されており、それぞれの都市内での位置づけは表2の通りである。

名称	目標（1994年当時）	都市内での位置づけ（2022年）
①アーバン・センター	輸送力の高い交通システムで直接アクセスできる立地において、雇用と住宅の集中を強化する。 当時指定された地域 ①ダウンタウン ②ファーストヒル／キャピトルヒル ③シアトルセンター ④ユニバーシティ・ディストリクト ⑤ノースゲート	シアトルで最も密集した地域。地域の中心地であると同時に、複合した用途、住宅、雇用の機会を提供するネイバーフッドでもある。  ダウンタウン
②ハブ・アーバン・ビレッジ	雇用と商業サービスを促進する。 公共交通機関サービスを支える程度の密度にする。ビレッジ内だけでなく、周辺地域にも雇用と商業の場所を提供する。通勤時間を短縮し、交通の便を良くするため、市内の居住者に便利な場所に雇用を集中させる。 当時指定された地域 ①バラッド ②ウェストシアトル・ジャンクション ③レイクシティ ④フリーモント ⑤オーロラアットN130ストリート ⑥レーニアアベニュー／I-90 ⑦サウスレイクユニオン	住宅と雇用のバランスがとれた地域。アーバン・センターより密度は低い。地域の住民や周辺地域のために、さまざまな商品、サービス、雇用を提供する。  バラッド
③住居地域型アーバン・ビレッジ	コンパクトな住宅地として機能するアーバン・ビレッジを推進し、さまざまなタイプの住宅を提供する。住宅地としての利用を中心としながら、住宅地に必要なその他の活動が混在する。雇用も住宅地としての性質を害しない程度に可能。公共交通機関サービスを支える程度の密度にする。	上記の二つのエリアよりも低密度。また、住民や周辺地域へ商品やサービスの供給を行うが、雇用の提供機会は多くない。  ルーズベルト
④製造業・工業センター	高賃金の雇用を拡大し、多様な雇用基盤を用意するために、アクセスしやすい工業用地を十分確保する。	工業系企業のための地域。アーバン·センターと同様に、雇用を維持・誘致し、多様な経済を維持するための重要な地域。

表2　成長を集中させるエリアの都市内での位置づけ [28]

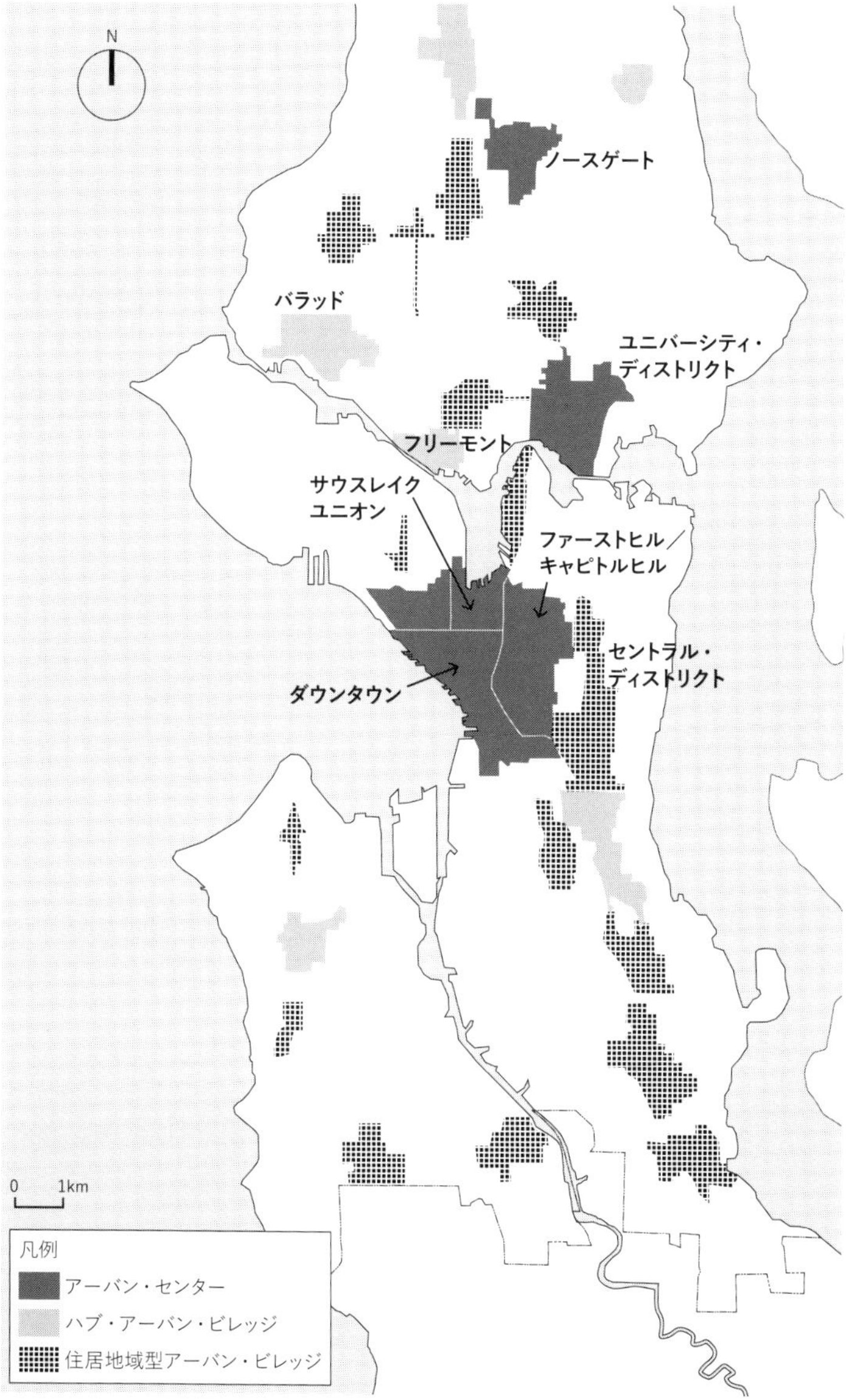

図7　アーバン・センター、ハブ・アーバン・ビレッジ、住居地域型アーバン・ビレッジの位置図（2022年）[29]

	①アーバン・センター	②ハブ・アーバン・ビレッジ	③住居地域型アーバン・ビレッジ
範囲	最大1.5平方マイル（約3.9㎢）	商業または複合型にゾーニング指定されている、連続した少なくとも20エーカー（約0.08㎢）の範囲。	半径2,000フィート（約610m）以内に少なくとも10エーカー（約0.04㎢）の商業ゾーンがあること。
アクセス	既存または計画されている輸送力の高い公共交通機関の駅から0.5マイル（約0.8㎞）以内。	ピーク時15分以内、オフピーク時30分以内の頻度で運行され、少なくともどれか一つのアーバン・センターに直接アクセスできる交通サービスがある。	ピーク時15分以内、オフピーク時30分以内の頻度で運行され、少なくともどれか一つのアーバン・センターに直接アクセスできる交通サービスがある。
ゾーニングと用途	商業と住宅の多様な混合を可能にするゾーニング。	アーバン・センターより規模は小さいが、多様な種類の住宅や、商業・小売サービスなど、さまざまな用途を許容するゾーニング。	住宅用途に重点を置きながら、ビレッジとその周辺地域の商業・小売サービスを認めるゾーニング。
許容する成長量	輸送力の高い交通機関から0.5マイル（約0.8㎞）以内に15,000人以上の雇用、1エーカー（約4,047㎡）あたり50人の雇用密度、1エーカーあたり15戸の住宅密度を許可するゾーニング。	少なくとも1エーカーあたり15戸の住宅、1エーカーあたり25人の雇用、全体では2,500人の雇用、3,500戸の住宅を許可するゾーニング。	グロスエーカーあたり最低12戸の住宅を許可するゾーニング。

表3　アーバン・ビレッジ戦略における地域別ガイドライン[30]

表2に挙げた「①アーバン・センター」「②ハブ・アーバン・ビレッジ」「③住居地域型アーバン・ビレッジ」が人口を集中させる地域であり、これらに指定された地域は2022年の時点で図7の通りである。1994年当初の指定と比較すると、指定地域は変化している。

アーバン・ビレッジ戦略は継続し、2035年に向けたコンプリヘンシブ・プラン（総合計画）では、人口を集中させる三つの地域について、表3のようなガイドラインを策定している。

アーバン・ビレッジ戦略でできたこと、できなかったこと

このようなアーバン・ビレッジ戦略は、密度の集中という点からはある程度成功したと考えられている。最初に計画が示された20年後の2014年に行われたアーバン・ビレッジ戦略の検証では以下のように評価されている。[31]

・アーバン・ビレッジ戦略によって、20年間にシアトルの住宅と雇用の成長の75％がアーバン・ビレッジに誘導された

・ほぼすべてのアーバン・ビレッジで公共交通機関の利用者数が大幅に増加しており、車への依存度を下げ、成長に（かつそれによる混雑に）対応している

・都市の自然環境を育成し、ゴミの埋め立てを減らし、エネルギーと水の消費を抑制することに成功している

一方で、アーバン・ビレッジ戦略に対しては、空間的に市の大半を占める裕福で排他的な戸建て住宅専用地域の密度を高めないための施策だとか、結果的にマイノリティが住宅を取得することを難しくしているなどの批判[32]もある。たとえば「アーバン・ビレッジに建設されている住宅は、価格、入居期間、広さ、デザインの面で、BIPOC世帯（筆者注：黒人（Black）、先住民（Indigenous）、有色人種（People of Color）のこと）のニーズを満たしていない[33]」という意見があるなど、「多様性」を受け止める場所という意味からは問題を抱えているようだ。都市の成長に伴って密度を集中させるという意味では成功したが、その成長の「中身」に考慮していくのが今後の課題となっている。そのため、コンプリヘンシブ・プランの見直しの中では、アーバン・ビレッジのあり方はその名称も含め、常に見直しが行われている。

このように、ネイバーフッド・マッチング・ファンドとアーバン・ビレッジは、その恩恵を受ける層に偏りが生じているという批判はあったが、異なるスケールでそれぞれネイバーフッドの空間をつくっていった。

6 30年間で変化したネイバーフッド

本章ではシアトルのネイバーフッドのなりたちと、ネイバーフッド政策について見てきたが、ネイバーフッドが地理的な境界線としての存在から、市民参加の単位、および都市発展の単位へと変化してきたことがわかる。社会的単位としてのネイバーフッドを通じて市民は、コミュニティや市への関わりを培ってきた。

しかし、ネイバーフッドも変化していくものである。ジェイン・ジェイコブズは都市の中のネイバーフッドについて、人々がネイバーフッドに住み続けるためにはむしろ「利用の流動性や移動性」が必要であり、そのことが安定性をもたらすパラドックスが存在すると述べた[34]。つまり、ネイバーフッドは静止画のようにそこに存在しているのではなく、常に変化していることを前提に考えなければならない。ネイバーフッドは、決して長年そこに住む住民のためだけの空間ではなく、新規住民にも開かれていることが必要なのである。シアトルでもネイバーフッド政策は変化し、市政における位置づけは変わっていった。２０００年以降急激に人口が増え、90年代のネイバーフッドに基づく政策が特にこの「流動性・移動性」に対応しきれておらず、結果的に90年代の市民参加のシステムは解体されることとなった。30年前と現在では、ネイバーフッドやコミュニティに対する考え方も異なるのだ。

しかし、長年ネイバーフッドがシアトルの計画単位として存在し、市民参加の単位や都市の成長管理、アーバン・ビレッジという空間計画の単位となってきたのも事実である。いくら流動性が必要だと言っても、ネイバーフッドの安定には、基盤となるコミュニティの存在は不可欠である。基盤としてのコミュニティがあった上で、流動性を受け入れつつ、住み続けることのできるネイバーフッドとなるのだ。

また、今日においてもシアトルは、都市課題がネイバーフッド単位で語られ、ネイバーフッド単位で運動が起きていることからも、ネイバーフッド都市であることに変わりはない。

次章以降では、シアトルの個性的なネイバーフッドを取り上げながら、資本の動きと葛藤しながら市民がどのようにネイバーフッドに関与し、全体として都市をつくってきたのかを観察していく。

4章

Downtown and Pike Place Market

ダウンタウンとパイクプレイスマーケット

――ジェントリフィケーションに抗う舞台

シアトルのダウンタウンを坂の上から眺めると、眼下で多くのクレーンが動いているのが見える。空間の隙間を埋めるかのように、大規模開発がひっきりなしに続き、工事現場がしばしば歩行者の行く手を塞ぐ。長期で見れば景気の影響による浮き沈みはあれど、大きな潮流としてシアトルのダウンタウンでは資本の空間化との闘いが続いてきた。本章では「ダウンタウン」という特別なネイバーフッドについて、その開発の実態と、資本家が「スーパースター都市」をつくりあげる過程で変容した空間について確認する。その上で、市民が開発の波に対抗して闘った、ダウンタウン内の象徴的な場所として、ダウンタウン中心部とパイクプレイスマーケット、そしてダウンタウンに内包されたネイバーフッドであるチャイナタウン／インターナショナル・ディストリクトを見てみよう。

1 ダウンタウン中心部

開発規制を巡るせめぎあい

どの都市でもダウンタウンでは資本を積み重ねるように高層の開発が進む（図1）。デビッド・ハーヴェイは、このような都市空間の形成を通して利益集団によって資本蓄積が行われる状況を

図1　ダウンタウン中心部と本書に登場するスポット[1]

図2　三角屋根のスミス・タワー（左）とダウンタウンで最も高いコロンビア・タワー（右）（2023年）

「都市の権利」が剥奪されているとして批判している。そこでは政治・経済のエリートたちによって、彼らの特殊なニーズと内心の願望にますます近い形で都市を形づくることができる[2]ようになっているのだと。

かつて建築と建築主の関係はよりわかりやすかったが、今では制度面での公的な後押しを受けながら開発が進み、所有は匿名化し、金融の技術が開発資金を集めるようになった。まだ建築主と建築の関係がわかりやすかった時代、シアトルの最初の高層建築物として１９１４年に42階建てのスミス・タワーが建設された（図２）。このとき、建築主はタイプライターなどで財をなしたニューヨーク州の人物だった。[3]その時代らしく、製造業によって富をなした人物の資本が投下され、シアトルで最初の高層建築がつくられたのである。今や不動産は金融商品化され、このようなシンプルな構図で行われる大規模な高層開発は皆無である。そのことを象徴するように、長くダウンタウンの象徴であり、今では観光スポットとなっているこのスミス・タワーは、何度か所有者が移り変わり、2019年には金融機関であるゴールドマン・サックスの関連会社に売却された。[4]

その後、開発のためのインセンティブを目一杯使い切り、公民連携で形成されてきた高層オフィス群がシアトルのダウンタウンで形成されてきた。代表的なのは76階建てで284mの高さのコロンビア・タワー（1985年完成、図2）である。

このコロンビア・タワーに関しては1986年のニューヨーク・タイムズの記事で「他のデベロッパーが使ってこなかった市の（規制緩和）ボーナス制度を利用し、『公共のためのアメニティ』と称する小売業用のスペース、広場、歩道などを追加する見返りに、本来割り当てられた3倍ものサイズにする許可を得た」[5]と評されている。この記事にあるように、さまざまな規制緩和のボーナスを活用して高層化したことに対して市民からの批判があがり、その後市民による規制強化のための代替プランづくり（CAP：the Citizens' Alternative Plan）と市の成長管理政策につながったとされる。[6]現在の日本の再開発でも、広場整備や地下鉄への入口整備など、さまざまな形の「公共貢献」を準備することで容積緩和がなされているが、そういった「公共貢献」による容積緩和がシアトルでは1980年代から行われており、その仕組みを用いてシアトルで最も高いビルが建てられた。

1984年には新ダウンタウン・シアトル土地利用計画が策定され、各種の規制緩和のメニューがつくられた。この規制緩和を利用して、高さ235m・55階建てのワシントン・ミューチュアル・タワー（1988年建設）がダウンタウンのビル群に加わった。このような80年代のダウンタウンの超・高層ブームが市民に開発に対する懸念を生じさせ、前述したように規制強化のための市民による「代替プラン」づくりへとつながったのだ。

市民側による代替プランには以下のようなことが含まれていた。[7]
・ダウンタウンの新規不動産開発を年平均１００万平方フィートに一時的に制限する
・オフィス・コアゾーンの超高層ビルに高さ４５０フィート（35〜40階建て）の制限を課し、コマーシャル（商業）・コアゾーンでは超高層ビルの新設を禁止する
・開発権の譲渡を通じて低所得者向け住宅を保全するインセンティブを強化する
不動産開発の総量規制、高さ制限による超高層ビルの増加の防止、アフォーダブル住宅の建設促進という、資本の立体的な蓄積に反応したプランづくりはいかにもシアトル市民らしい。このプランでは、コロンビア・タワーのような規制緩和的抜け穴を空間化するデザインを防ぎ、ダウンタウンの垂直方向の密度の高まりを制限することを目指した。当時、このような成長管理はポートランドやサンフランシスコでも行われていた。[8] ダウンタウンの高層ビル建設は、市民運動にとって視覚的にもわかりやすい対抗のためのアイコンであり、こうした制限は西海岸のリベラル都市の都市政策の潮流でもあった。

こうした開発への対抗を促すための市民側のストーリーは、資本に対する反発運動というよりは高層ビル建設による交通渋滞の悪化であった。そして、デベロッパー側が反論するストーリーは、新規不動産開発の床の総量を規制すれば不動産需要に供給が追いつかず、賃料が上昇するというも

のであった。[9] このように、開発を巡って反対・推進双方の立場から喧伝されたが、これを争点とした1989年の特別選挙の結果、市民「代替プラン」制度を支持する側が勝利したのだった。

しかし、シアトルにおける市民代替プランはさまざまな緩和で有名無実化され、2006年には市議会がダウンタウンの高さ・密度制限を大幅に引き上げ、代替プランを封印する法案を可決[10]するという結末を迎えた。シアトルのようなリベラルな政策を志向する都市でも、ダウンタウンのような市の成長を牽引する場所ではやはり資本のプレッシャーが強かったのだろう。

公民の共依存関係がつくる風景

また、シアトルを代表する建物も変化の波にさらされてきた。その一つが、2001年のアメリカ同時多発テロで破壊されたニューヨークの世界貿易センターの建築家として知られる、シアトル出身のミノル・ヤマサキの設計した31階建てのレーニア・タワー（1977年完成）である。木の根っこをかじられたような、構造的に不安定にも見える下すぼみのビルには、なるべくタワーの1階部分の面積を狭くすることでダウンタウンの緑の環境を守り、[11]タワー本体とはまた別に1階部分のショッピングプラザを設けるなど建築家のデザイン哲学が表れていた。

そのような象徴的なデザインを持つ建物の横に、超高層ビルが建ったのが2020年である。かつてワシントン大学があったこの場所に、ミノル・ヤマサキのデザインとは逆に裾広がりの流

図3　流線型のレーニア・スクエア・タワー（手前）はミノル・ヤマサキ設計のレーニア・タワー（奥）を包み込んでいるようだった（2023年）

線型の形状をした58階建てのレーニア・スクエア・タワーが建設されたのである（図3）。レーニア・スクエア・タワーは低層階がオフィス、上層階がマンションで、1階には高級スーパーマーケットが入居している。このビルは、ヤマサキのビルと「調和する」デザインを検討した結果として、裾広がりの流線型になるように容積を削り取られて[12]デザインされた。しかし実際のところ、レーニア・スクエア・タワーができたことで、レーニア・タワーは物理的にも心理的にも「見えにくく」なったという印象である。ちなみにレーニア・スクエア・タワーには当初はアマゾンが入居するはずだったが、大企業への課税を強化する、いわゆる「アマゾン税」導入に対する市への反発で、アマゾンは入居を取りやめたもと言われている。[13] また、当初のホテル案も立ち消えになり、オフィスタワーとラグジュアリーな住宅がシアトルの中心部にまた一つ増えることになった。

ゾーニングによる規制緩和で民間開発を実現するという公民の共依存関係を背景に、資本は高層建築物を都市に蓄積する。ダウンタウンではオフィスタワーだけでなく、タワーマンションも建設され、それまでの居住者や中小事業者を結果的に追い出すジェントリフィケーションも進んできた。タワー型の住宅開発は、居住者以外が立ち入れない垂直型の守られたゲーテッド・コミュニティをつくる。タワーマンションの住人は足元で起きているダウンタウンの喧噪とは隔絶した自室の暮らしを享受しているのである。

2 ジェントリフィケーションとゾンビ・アーバニズム

ジェントリフィケーションのメカニズム

シアトルがボーイング社の低迷から1970年代に不況に陥った後、80年代になって景気が持ち直すなかで、前述したコロンビア・タワーのようなオフィスタワーの開発が進んだ。そしてシアトルでも「ジェントリフィケーション」という言葉を意識せざるをえなくなってきた。

ところで、ジェントリフィケーションとはどのような現象を指すのだろうか。この言葉は、1964年にイギリスの社会学者であるルース・グラスによってつくられたものである。グラスは労働者階級の居住地が中産階級のための高価な住宅に次々と生まれ変わり、労働者階級の居住者が立ち退かされ、地域の社会的特徴が変わる様を「ジェントリフィケーション」のプロセスと呼んだ。[14]

地域の「高級化」を示す言葉であるジェントリフィケーションが起きる背景の分析として、大きく二つの流れがある。[15]まず、「生産サイド」からの説明として、活用後の価値上昇を見込んで投資が起きることでジェントリフィケーションが発生するという主張がある。一方で「消費サイド」からの説明は、人々の動きに着目し、中産階級が住みやすさを求めて移動することによってジェントリフィケーションが起きるとしている。[16]ただ、どちらの説明が正しいというよりも、複合的に作用していると考える方が実態に合っているだろう。中産階級の中心部への回帰と、投資が起きやすいダウンタウン辺縁部の開発は連動して起こり、徐々に地域を変容させていくのだ。

また、再開発の内容であったり、観光的な側面であったり、影響する時間軸の長さであったり、空間的な広がりであったり、現代の「ジェントリフィケーション」の解釈はより拡大しているが、この言葉は基本的には地域が高級化することによって何かしらの「立ち退き」が起き、地域の特性が変化することを指す言葉である。もっとも、直接的に追い出されなくても、より高い家賃の支払い能力がある層の流入が進めば、家賃の上昇だけでなく、店舗の高級化などによる必要なサービスへのアクセスの悪化などにつながる。そうやってジェントリフィケーションは長い時間軸での間接的な「立ち退き」も伴って進んでいく。

シアトルでも、人々は中心部へ移住・回帰し、それらの需要と連動して資本は低開発なフロントラインを探して動いていった。その一例が次章で取り上げるサウスレイクユニオンの開発である。また、1章で示したように、シアトルは「スーパースター都市」として住宅価格が高くなっても人口の流入が止まらない都市である。住宅の供給量が追いついていないまま需要が高まり続けるため、ジェントリフィケーションが非常に起きやすい状況になっている。

シアトルを買い、住まない人々

ところで、シアトルのジェントリフィケーションの担い手はいったい誰なのだろうか。この疑問について「誰がシアトルを買っているのか?[17]」というレポートがInequality.orgから出されている。Inequality.orgは不平等さに関する情報を発信する組織であり、シアトルが「富を貯めておくための場所」として使われている現状について以下のような点を指摘している。

「(とある) コンドミニアムでは、47%がトラストや管財人、LLC (筆者注:有限責任会社)、企業によって所有されている。わずか19%のユニットの所有者だけがシアトルでの投票権を持っていたのだ。(筆者注:投票権を持っている=実際に住んでいる)」「シアトルの高級不動産を所有するLLCの3%は……情報の秘匿性が高い州……で登記されている[18]」

このレポートによると、高級な開発ほど所有しても実際には住んでいないという割合が高い傾向があるようだ。このような動きは、もともとＩＴ企業などの高額な報酬を手にする人たちの流入で住宅価格が上がってきていたという実需による価格上昇に加えて、「投票権を持たない＝シアトルに住んでいない人」たちがその地域に責任を持つことなく、ただ本レポートが指摘するように「資本貯蔵庫」としてシアトルを活用することで、住宅価格をさらに上昇させていることを示す。

都市のゾンビは誰がつくる

世界中の都市戦略に影響を与えた『グローバル・シティ』（１９９１年）の著者であるサスキア・サッセンが、リーマンショック後の都市の所有のありかたについて、ロンドンの中心部が外国資本に買われていることを参照しながら、次のようなことを指摘していた。

「それまでは既存の建物を買収するということが多かったが……２００８年以降（筆者注：リーマンショック後）は建物を買ってもそれを壊し、高層のラグジュアリーな建物、オフィスやコンドミニアムを建てるようになった……新しいオーナーたちはパートタイムの住民で、とても国際的だが、だからといって文化の多様性を代表しているわけではない。むしろこのオーナーたちは『成功』というグローバル・カルチャーを代表しており、とても同質的なのだ[19]」

サッセンの指摘のように、同質性の高い人々が不動産を所有はしているけれど住んではいないということは地域への関与が非常に薄いということになるが、同じような状況が東京も含めてどの大都市でも起きている。アメリカの場合は国外資本以外にも州外国内資本の流入が多そうだが、サッセンは前述の記事内で「投資家が国内からだろうが国外からだろうが、都市へのインパクトにはあまり変わりがない、それより……スケールの問題だ」と述べている。どちらにせよ、住宅が資本蓄積のための貯蔵庫になってしまえば、本当に生活のためにその場所に住みたい人たちが住めず、住宅不足に拍車をかける。

このような現象に関しては、「ゾンビ・アーバニズム」という表現もある。これは、「所有はされているが、使われていない空き家」がある状態であり、アメリカでのゾンビ・アーバニズムが起きる背景として「資産貯蔵庫、投機のための資産、セカンドハウス」という機能のコンビネーションがあるとされている。[20] ゾンビであるとは、つまり資産としては生きているけれど、場所としては死んでいることを意味するのだ。

つまり、「誰がシアトルを買っているのか?」のレポートは、シアトルで所有しても住んでいない資産貯蔵庫の状態となったコンドミニアムが増え、すでにゾンビ・アーバニズムに乗り移られていることを伝えている。ダウンタウンは規制緩和の歴史の中で、ビルの高さを競いながら資産を貯えるという役割へと変化してきたのだ。

3 パイクプレイスマーケット

シアトルではダウンタウン中心部とその周辺で高層化が進められ、資本が空間的に侵食する動きが続いてきた。一方で市民は、資本力が導く開発の手からダウンタウンの記憶が宿る場所を守るための闘いを続けてきた。その一つの発端的事例が、本節で紹介する「パイクプレイスマーケット」の保存・再生である。歴史あるマーケットに忍び寄る再開発の計画に対して市民が声を上げたことで、保存と再生に舵を切り、シアトルのシンボルとしての場所が再生された。都市に表出する市民の力は、シアトルを代表する観光地となり、ネイバーフッドのシンボルとして市民に愛されてきたマーケットの価値を資本力や開発からいかに守ってきたのだろうか。

消失の危機に晒された、歴史あるマーケット

シアトルのダウンタウンの中心となる商業拠点からまっすぐウォーターフロントの方へ向かう急な坂道の下に、観光客や市民に人気の、歴史ある「パイクプレイスマーケット」がある（6頁写真、図4）。屋根の上には、「Public Market」の赤い看板が掲げられ、その看板の下には小さな魚

図4　現在のパイクプレイスマーケット（2021年）[21]

の形をしたサインに「City Fish Market」と書かれていて、ここがシーフードのメッカであることを思い出させてくれる。

マーケットはウォーターフロントとの高低差を埋めるように地上階と地下階を結ぶ動線が複雑に拡がっているが、建物自体は開放的で、伝統的な市場の構造を残した簡素なものである。観光客がシーフードや工芸品を見てまわり、スターバックスの1号店にお土産を求めに来る一方で、地元の人々は農場から直接売りに来る花束や有名なピロシキ、クラムチャウダーやドーナツを買いに来ている。誰にとっても重要な、居心地の良い場所としてパイクプレイスマーケットはダウンタウンの中心部に残されているが、このような価値ある空間も、過去にはダウンタウンの再開発の波の中で跡形もなく壊されようとしていた。その消失の危機からマーケットを守ったのは市民である。

マーケットの再開発計画

パイクプレイスマーケットはシアトル市ができてから40年足らず、大陸横断鉄道も開通してシアトルが急成長するなか、１９０７年にオープンした。オープン時には８軒の農家が店を構えたに過ぎないが、シアトルはちょうど人口拡大期にあり、マーケットには客が殺到した。そこから出店数は急激に増加し、１９１７年頃には現在のマーケットの空間的骨格が完成した[22]（図５）。

しかし、モータリゼーションの進展と郊外化というライフスタイルに合わせた郊外型スーパーマーケットの影響もあり、パイクプレイスマーケットは魅力を失いつつあった。それは２章でも示したような、アーバン・リニューアルと呼ばれる再開発が加速した時期と重なり、このアーバン・リニューアルの枠組みで、自動車による移動を想定した大規模な再開発がダウンタウンで計画され、パイクプレイスマーケットも巻き込まれたのである。

記録によると、１９５０年にはすでにダウンタウンのビジネス・リーダーによってパイクプレイスマーケットの再開発が市に提案されていた。そして１９６３年の博覧会を成功させた自信を背景として、その翌年の１９６４年には商工会議所などからアーバン・リニューアル計画の勧告がなされ、１９６９年に市議会によって計画が採択され、１９７１年に連邦住宅都市開発省（ＨＵＤ）によって計画が認可されている。[24]

このように再開発計画が国の認可を受けるまで進展する背景には、当時マーケットが抱えてい

図5　マーケットの骨格が成立した1919年頃[23]

た事情もあった。パイクプレイスマーケットは1stアベニューに面する。1st、2nd…と湾に近い方から順にアベニューに番号が振られているシアトルのダウンタウンで、1stや2ndなどの海岸近くの通りは、20年ほど前の旅行ガイドブックではあまり近づかないようにと書かれることもあるような場所だった。1960年代の状況は、さらに推して知るべしで、そのころはマーケット周辺があまり治安の良い場所ではなかったのだろう。

シアトル市は開発計画を正当化するために、マーケットとその周辺の「荒廃した状態」がダウンタウンにまで波及しないように再開発が必要であり、商業・ホテル・オフィス・住宅と地下には駐車場を準備し、「醜い」アラスカン・ウェイ（州道99号線）の高架橋を視界から遮り、ウォーターフロントへのアクセスを確保す

図6　パイクプレイスマーケット再開発案の建築模型（1968年）。高架橋をまたいで一部人工地盤がウォーターフロントに張り出している。全体的に高層化した計画である[27]

ることでシアトルに安定した雇用と大規模な経済的利益をもたらすと謳っていた。[25]

当時すでにシアトル市発行の資料で、その後撤去される高架橋を「醜い」と指摘していたのは興味深いが、マーケットの再開発でも巨大な近代建築が当初計画されており、高架橋と設計思想はそう変わりはない。近代化を志向した構造物が生み出した「醜さ」に、モダニズム建築が蓋をするという自己矛盾したデザインが提示された。

1968年時点での立面図[26]では、アラスカン・ウェイの高架橋を人工地盤で覆い隠し、地域性を排除したモダニズムの思想のもと高層のマンションとホテルがその上に計画されていた（図

6）。パイクプレイスマーケットの名前はかろうじて残されているが、開発に特徴をもたらすスパイス程度の扱いだ。清潔で温度がコントロールされたスーパーマーケットとは異なり、開放型のパイクプレイスマーケットは前時代的で近代化を阻害するものと見られていたのだ。

住民投票で歴史的地区に指定

しかし、最終的にはマーケットは「再開発」ではなく「再生」されたのだが、そこに辿り着くまでの流れを見てみよう。まず、この巨大な再開発計画案に反対し、いくつかの運動体が結成された。今日まで活動が続く「フレンズ・オブ・マーケット」がその代表的な例である。フレンズ・オブ・マーケットは他団体と協力して、市民から署名を集めることでマーケットの将来について問う住民投票を主導し、その結果、1971年にマーケットは歴史的地区に指定された。[28]

背景には、アメリカで1966年に米国国家歴史保存法が制定されたということがある。近代化による物理的破壊と地域性や歴史への無理解にうんざりしていたのは、シアトルだけではなかったのだ。このことは、アーバン・リニューアルから歴史保全への大きな考え方の変化のうねりであり、マーケットを巨大な建造物「パイクプラザ」にする近代化案もこの潮流の中で結局実現することはなかった。[29]加えて、幸いにもマーケットの計画が提案されたのはアーバン・リニューアルの終盤期であったことも影響した。アーバン・リニューアルの枠組みが段階的に終了し、コミュニティ・ブロック・グランド（CDBG）というもう少し使い勝手の良い補助の仕組みに移りつつあったタイミングであった。そのことから、連邦政府の住宅都市開発省（HUD）との交渉によって、新築プロジェクトに限らず、歴史的なエリアでの改修プロジェクトに多くの資金を用いることが可能となった。[30]

その結果、1974年に修正された再生計画では、マーケット内でのすべての計画はシアトル市地域開発局とパイクプレイスマーケット歴史委員会の下で行われ、この市場が周辺のコミュニティと絶妙なバランスで成り立っている社会的機能を踏まえて計画される必要があるとされた。修繕の方が新築よりもコストがかからない分、結果的に入居コストが低くなり、そうすることでそれまでマーケットを利用してきた層との関係性を保つことが可能であるという見方が示されたのである。[31]

建物のリノベーションだけでなく、周辺のコミュニティに果たす有形無形の関係性や機能を考慮に入れるというのは、これは当時としては先駆的な考え方であった。まさにジェイン・ジェイコブズが安価に入居することが可能な「古い建物」があることで、低収益事業も含めて多様な用途が混ざりあい、まちに活気を与えることができることを指摘した通りで、新築の建物であれば高い固定費を負担できる事業者しか入居できなくなってしまうし、パイクプレイスマーケットは1974年のこの再生計画書の時点では多少の空き店舗はあれど、マーケットとしてはまた上手く行き始めるようになったと見なされていたわけで、「古いだけの存在」として地域に悪影響を与えているわけではなかったからだ。[32]だとすれば、すでに地域のエコシステムを形成している事業者を、コストをかけて追い出すのはあまりにも馬鹿げている。改修し、必要なところだけ新築することで、市場のつくった関係性という無形の財産を守ることができるのだから。

このような「再生」の流れには、ジェイコブズの理論だけでなく、モダニズムからポストモダニズムへの移行期という時代性も影響している。デヴィット・ハーヴェイは後期モダニズムが権力と結びつき、体制側に取り込まれたなかで、1960年代に多様なカウンターカルチャーや反モダニズムの運動が突如として現れ、反権威的運動の展開を経て、ポストモダニズムが1968年から1972年に現れたとしているが[33]、パイクプレイスマーケットはまさにその時期に、「モダニズム的都市再開発」から「ポストモダニズム的都市再生」へと計画を変えていった。そしてその背後にあったのは、運動体として機能していた専門家と市民の力であり、時代の空気の変化である。

結果、「再生」というかたちでパイクプレイスマーケットは改修を経て現在の姿を残すことにつながった。現在のマーケットを訪れると、歴史的なマーケットの開放的かつ入り組んだ通路が内側へと誘う構造を残しながらも、ウォーターフロントを望む展望台を新しく延長させ、広く抜ける眺望が楽しめる。かつ、そこに向かう動線にはフレッシュな花束や地元のクラフトを売る屋台など、小さな店舗がカラフルなサインとともに並び、地元感を味わいながら事業者と交流できる市場の醍醐味を残している（図7）。さらに冒険したければ、地形に合わせて入り組んだ上下の回遊動線を楽しんだり、壁一面にカラフルなチューインガムが貼り付けられた路地を歩けば良い。そんな空間が残ったのだ。

POST ALLEY

LOBACK MEAT CO
QUALITY ALWAYS

図7　パイクプレイスマーケットには路地の界隈性が残り、カラフルなサインが並ぶ（2021年）[34]

スターバックスの開業

再生したパイクプレイスマーケットは、結果的にシアトルのシンボルとなった。シアトルの観光ガイドを見れば、どれもパイクプレイスマーケットが大きく取り上げられており、必ず訪れるべき場所として紹介されている。そして、この地域の「空気」を体現するマーケットの存在は、シアトル発祥の世界的なビジネスにも影響を与えた。それがスターバックスである。

シアトルで設立された世界的コーヒーチェーンであるスターバックスは、1971年に1号店を再開発計画に揺れるパイクプレイスマーケットに構えた（図8）。シアトル出身者と、シアトルにやってきた人物が深煎り豆のコーヒーをアメリカに紹介すべく開いた店だ。これは、ボーイング社の大規模リストラが「ボーイング・バスト（破綻）」としてシアトル経済に大きな影を落とし、かつ再開発の計画が認可された時期でもある。

もしマーケットの大規模再開発が1964年当時の計画のまま進んでいたら、この世界的コーヒーチェーンも違う道を辿っていたかもしれない。というのも、スターバックスの中興の祖であるハワード・シュルツの伝記によると、1980年代初頭、当時住んでいた東海岸から出張でパイクプレイスマーケットにある1号店を訪れ、そのことがスターバックスのビジネスに関わることを決意させたそうだからだ。パイクプレイスマーケットの1号店はCEOになったシュルツの心の拠り所となり、経営に行き詰まったときにはそこを訪れ、使い古された木のカウンターをなでるこ

図8　1975年のスターバックス1号店の店内[35]

とで、「先人たちの遺産を守りつづける責任を再確認している」[36]と伝記で述べている。

マーケットが再生活用されたことで残された市場の空気は開業当時の象徴性を残し、スターバックスの居心地の良さの基盤となった。パイクプレイスマーケットにあるスターバックスの1号店は、現在もこじんまりとした飾り気のない、1971年当時の雰囲気をそのまま残している（9頁下写真、図9）。当時と違うのは、限定のお土産を買うために観光客が長い列を毎日つくっているところだろう。

現在パイクプレイスマーケットは2章でも紹介したPDA（パブリック・デベロップメント・オーソリティ）と呼ばれる、1973年に設立された準公共団体が運営している。マーケットの変わりゆく役割のなかで、「準公共」であるPDAは、自家製の製品を売る割合や

図9　パイクプレイスマーケットにあるスターバックス1号店（2023年）[37]

観光客向け製品の割合などをガイドラインで規制し、「資本主義の力が小さな生産者を駆逐しない」[38]ための努力を重ねてきた。現在も、「1日単位で商売をしたい場合は職人（クラフトマン）か農家となる必要がある」「すでにチェーン展開している店は出店できない」[39]などとしている。これらのことが、ローカルな市場らしさを守ってきたのだ。

市場というのは、地元の人にとっては生活の記憶と接続して大切な場所となる。そして観光客など、外からこのまちにやってくる人にはその地域の生活のリアルさと「地元感」を体験できる目的地になるのだ。シアトルの人々は自分たちのまちのアイデンティティともいえるマーケットを自分たちの力で守り抜き、そのあり方を存続するよう努力してきたのであった。

4 チャイナタウン／インターナショナル・ディストリクト

シアトルのダウンタウンは、コマーシャル・コアと呼ばれる中心部の商業・オフィス街以外に、いくつかの内包されたネイバーフッドが存在し、まったく異なる個性が隣接している面白さがある。ネイバーフッド・プランの区分けで言えば、近年洗練されたイメージになった「ベルタウン」や、シアトル発祥の地と言われる「パイオニア・スクエア」、そしてアジア系移民が多く住む「チャイナタウン／インターナショナル・ディストリクト」（以下、ＣＩＤと略す）などがある。その中で、ここではアジア系移民の文化を共有し、集団的な特性を持つＣＩＤについて見てみよう。

多様な移民が混じりあうネイバーフッド

シアトルは地理的に近接していることからアジア系移民が多く、なかでも、シアトルに早くから流入したのは中国と日本からの移民である。シアトルが都市として拡大していった19世紀半ば、すでにワシントン州に移住していた中国からの移民は仕事の斡旋業者のいるシアトルに移り住み、現在のチャイナタウンの近くに居住地を形成したのである。[40] 日本人も19世紀終わりにやってきて、すでにダウンタウンの南端部に形成されていた中国人の居住地の近くに住み始めたことで、日本人向けのビジネスが現在のCIDに拡大していった。[41] この地域は、戦前は日本人が集住した「ニホンマチ」とチャイナタウンが隣接した地域となった。ニホンマチは第二次世界大戦中に西海岸の日系人たちが強制収容所へ送られてしまったことで、日系人から他のアジア諸国からの移民などに財産が移ることとなり、彼らが集まる多民族なネイバーフッド「チャイナタウン／インターナショナル・ディストリクト」となった（図10）。

狙われる立地としてのネイバーフッド

戦後、アジア系のコミュニティはこのネイバーフッド内で混じりあって、「インターナショナル・ディストリクト」をつくりだした。一方で、このネイバーフッドは地理的に、そして立ち位置としても「周縁化」されてきた。「周縁」としてのロケーションは、中心部に近いにもかかわらず、地価が安く、低未利用地が多い傾向にあり、大規模開発やインフラ整備のターゲットともなりえた。CIDは、常にそのような「狙われる」立地として位置づけられ、アイデンティティと生活環境保全を賭けた闘いが続いたのである。

何に狙われてきたのかと言うと、まずは都市の縁辺部的用途の場所として、そして近年はジェントリフィケーションのセオリー通り、開発のフロンティアとして狙われてきたのだ。

図10　チャイナタウン／インターナショナル・ディストリクトのライトレールの駅を降りると、中華門と書かれたゲートが目の前に現れる（2008年）

まず縁辺部的用途として、I-5（州間高速道路5号）が1965年にネイバーフッドの真ん中を切り裂いて開通し、高架橋が建設された。高架橋下の薄暗い空間では、後に橋脚にドラゴンの絵が描かれた。これはせめてもの、地域のアイデンティティの表明である。そして高架橋の「向こう」は、その後リトル・サイゴンと呼ばれるようになった。

次に、スタジアムやドームの建設が進められた。1971年、CIDの横にキングドームという多目的ドームの建設が計画された。コミュニティ・リーダーが記した本によると、このドーム建設計画に対して、利用者による混雑が予想されること、ドームの開発影響が賃料上昇などに現れるのではないかと懸念され、一部地域コミュニティの反発があった。そしてキングドームは結局1976年に完成したが、その建設が火をつけた運動体としての熱量は、その後の地域改善の活動へとつながったそうだ。[42] ま

図11　ブルカン社がLRTの駅上に開発したオフィスビル。奥にダウンタウンの高層ビルが見える（2023年）

ず、地域改良のための「ネイバーフッド・ストラテジー・エリア・プログラム」の対象エリアとなった。このプログラムは、政府が既存建物の改修プログラムのための資金枠を提供し、地域の活性化を目指したものである。[43] その結果、改修された建物はほぼ現存して活用され続けている。そして1973年にはインターナショナル特別審査地区に指定された。これは、地域アイデンティティとしてアジア系アメリカ人が持つ特徴を保護し、地域再生につなげることを目的としているものである。この特別審査地区の委員会の理事会メンバーの多くは選挙で選ばれ、建築デザインを審査するのだ。[44]

このように、キングドームの建設は市民運動のうねりが高まった時代背景が後押しし、その後の地域再生のきっかけともなった。現在はフットボールチームのシーホークスのスタジアムがキングドームの跡地に建っている。

そして近年は開発のフロンティアとなった。まず2000年に、サウスレイクユニオン（5章参照）を開発したポール・アレンの設立したブルカン社によって11階建てのオフィスビルが建築され[45]、そこにスターバックスが入り、LRTの駅周辺にはプラザが整備された（図11）。

また、2022年にはこのエリアに初めて「高級」マンションが完成した。価格帯は100万ドルを超えたものもあり、これに対して開発プロジェクトが地域に関与する姿勢があるのかと、地域で長く活動してきた人たちからの疑問が上がった[46]。反対住民によると、たとえば公共スペースを準備するという約束や、小規模事業者を1階に入居させるという約束が守られておらず、アフォーダブル住宅も提供されない[47]ということがあったようだ。インターナショナル特別審査地区で繰り広げられていたデザイン協議記録を見ると、マンションのデベロッパーは、たとえば桜モチーフなど、デザイン要素にニホンマチであったことを取り込んだり[48]、プロジェクトの名前には日本文化を取り入れ、カタカナでそれを表記するとしていた。しかし、地域の由来に基づく価値は、装飾的な「らしさ」を付加することだけで守ることが可能なのかは疑問である。ともあれ、高級マンションはその後竣工した。

5 市民が開発に抗う舞台としてのネイバーフッド

このように、ダウンタウンでは規制緩和が進んだ中心部だけなく、ウォーターフロントのマーケットや縁辺部にある移民によって形成されたネイバーフッドにも時代の趨勢に合わせて開発の手が伸び、市民はそれに対して闘いを続けてきたのである。

ダウンタウン中心部では後年骨抜きにされたとはいえ、代替プランという市民がどうにか開発に対抗しようという動きがあった。前章で示したような市民参加の歴史がつくりあげたシアトル市民らしい抵抗の動きは、開発の波が押し寄せるなかで結局はダウンタウン全体のコントロールにはつながらなかった。

一方、パイクプレイスマーケットでは、当時の官製型の都市再開発のあり方に対して、市民がマーケットとしての存在価値を「再開発」ではなく「再生」、「破壊」ではなく「歴史保存」という対抗軸で守った。そこには、当時のポストモダニズムの台頭という時代的なうねりも加算され、結果的に市場が「再生」された。その価値はシアトルの象徴となり、観光の目的地にもなった。

また、CIDは地域の歴史を共有するアジア系移民を中心とした一体感から、開発に対する運動体としての機能をネイバーフッドとして果たし続けてきた。そして今も、闘いの途中である。

これらの動きは、比較的新しい都市とはいえ、シアトルがこれまでに積み重ねてきた歴史をシアトル市民が自分たちなりの価値として意味づけたものである。都市発展に伴う開発が押し寄せるなかで、ネイバーフッドはそれに対抗するための舞台となってきた。

5章

South Lake Union

サウスレイクユニオン

――資本家がつくりだしたイノベーション・ディストリクト

ジェントリフィケーションやゾンビ・アーバニズムの時代にシアトルで新しいネイバーフッドとして開発されたのが、本章で取り上げるダウンタウンの北部に隣接し、アマゾンのオフィスが集中するサウスレイクユニオンである。近年のシアトルの勢いを反映し、より短期間に凝縮して開発が進められた（図1）。地元ワシントン大学の先生がこれらの開発を「清潔でアジア的」と筆者に言った通りの空間で、アマゾンで四つ星以上の評価を得た商品のみが並ぶ実店舗「アマゾン・4スター」があった場所の近くでオーガニックのビーガン・ドーナツや抹茶スイーツが売られ、アマゾンによってバナナが無料で配布され、民間のガードマンが路上の治安を守っている。

シャロン・ズーキンは「公共空間のパラドックス」として、「民間のコントロールの方が公共空間をより魅力的にすることができる」という矛盾を、民間組織の監視と演出によって巧みに運営されるニューヨークの公園を例に挙げて指摘した。[1] そのことは、現代における民間資本がコントロールする「公共」空間という内部矛盾を持つ都市空間の現状と符合する。

サウスレイクユニオンでは、開発プロジェクトの連続によって洗練されたストリートファニチャーが装飾的に置かれ、公共空間デザインの教科書のような歩行者環境をつくりだしている。少し裏道にそれれば倉庫などかつての低未利用地が集まっていたこの地域の名残が残るが、そうした場所にもひたひたと開発のプレッシャーが迫ってきている。まるでこの地域の辿ってきた痕跡を順番に潰していくかのように街区内の敷地は統合され、一つの開発にまとまっていく。ユニオン湖沿いのウォーターフロントは水辺へとシームレスにアプローチできる溜まり空間がデザインされ、そ

図1　サウスレイクユニオンの中心部。新しく開発されたビルが並ぶ（2021年）

こに腰を下ろすとヨットが湖面を横切る様子が見える、開放的で気持ちのよい景観が広がるエリアだ。

本章では、デニー・トライアングル地区も合わせて、サウスレイクユニオンとして観察する。というのも、デニー・トライアングル地区はアマゾンのヘッドクォーターが位置し、開発計画では一体として計画されてきた歴史があるからだ（図2）。

現在、このサウスレイクユニオンエリアはアメリカ屈指の「イノベーション・ディストリクト」となっている。人と人とが近接することによる相互作用をイノベーションの源泉とする言説はコロナ禍を経てますます盛んで、サウスレイクユニオンはその代表例の一つとされている。シンクタンクであるブルッキングス研究所のレポート

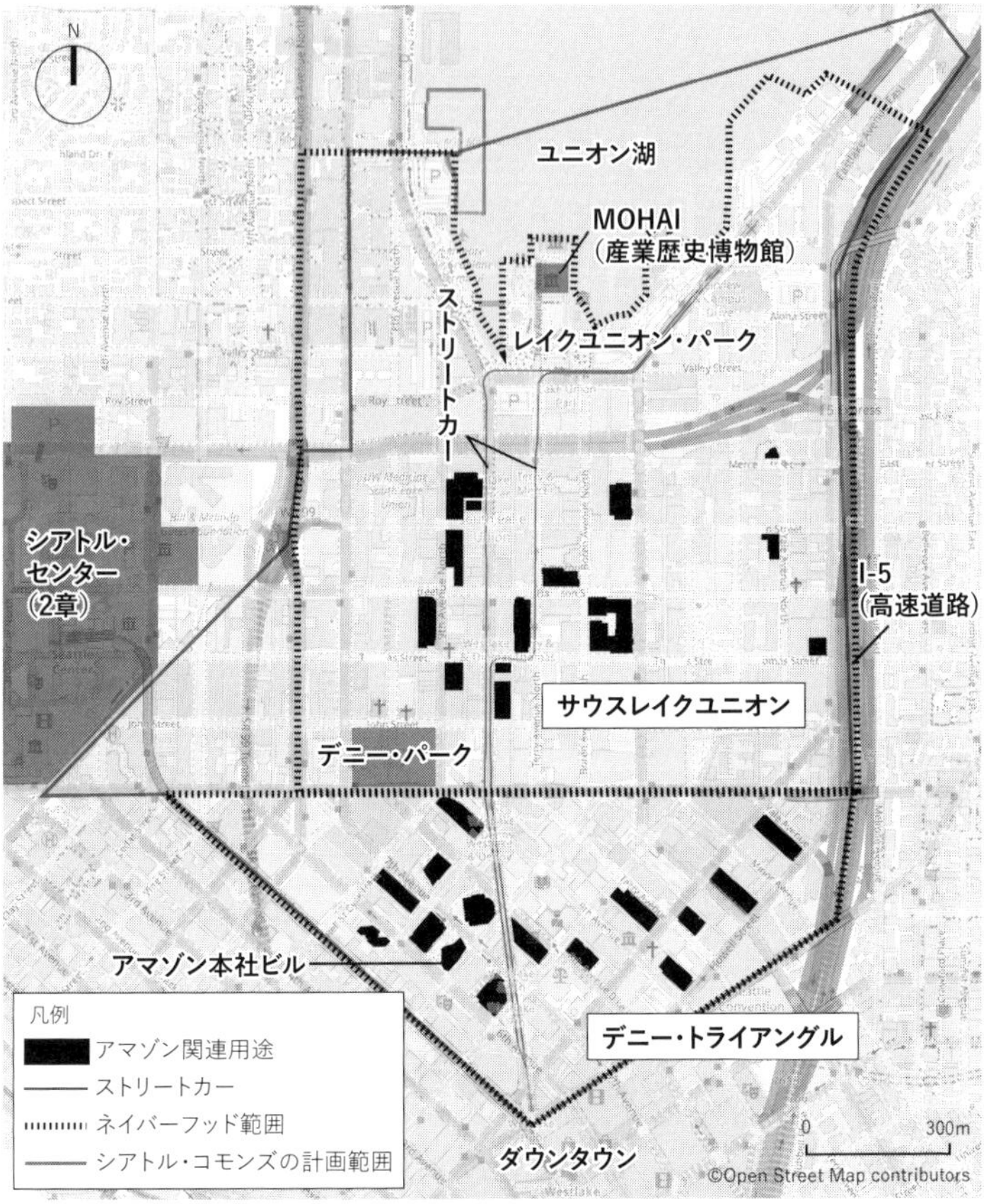

図2　サウスレイクユニオン周辺。サウスレイクユニオンとデニー・トライアングル地区は、全体がアーバン・センターとして開発密度が集中するエリアとして位置づけられている[2]

「イノベーション・ディストリクトの発展」によると、イノベーション・ディストリクトには主要なデベロッパーや拠り所となる企業が存在するとされており、サウスレイクユニオンの場合、前者がマイクロソフト社の共同設立者の1人であるポール・アレンが設立したブルカン社であり、後者がアマゾン・ドット・コム社であるとされる。[3]

1 住民投票で否決された塩漬け公有地の活用

「ダウンタウン裏」の開発の遅れ

シアトルの中で最も資本の蓄積が都市空間に可視化されているこの地域は、近年の住宅の供給数が同市トップのネイバーフッドで、いわゆるタワーマンションの開発が続いている。しかし、それも近年のことで、もともとこの地域は名前の通りユニオン湖の南岸に位置し、湖に面する敷地に製材業が立地し、港を支える産業が発達した歴史がある。1980年の時点では、この地域は次のように評されている。

「1917年にワシントン湖船舶運河が開通すると、湖は漁獲物の荷揚げだけでなく、ボートの清掃や修理のための場所を必要とする商業漁業者にとって重要な港となった。そのため、定住者や一時滞在者向けの住宅に混じって商業や海洋関連のビジネスが発展し、現在も基本的に同じ状態が続いている」[4]

現在は煌びやかなオフィス街となったサウスレイクユニオンからは想像もつかないが、かつてはダウンタウンと地理的に隣接しながらも、ここで評されているように長く港としての機能をバックアップするような場所だった。そのため、低層の商業施設などはあったが、多くは駐車場や倉庫、車のディーラーなどが並び、長年高度な空間利用がなされてこなかった。筆者も20年以上前に足を踏み入れたことがあるはずだが、「ダウンタウン裏」のユニオン湖につながる通り道としての印象しかなかった。その後サウスレイクユニオンがとある事業者によって再開発される、というニュースを聞いて驚いたことを覚えている。その場所が今では屈指のイノベーション・ディストリクトとして事業所が集積し、オフィス不動産開発の一等地として取引されているのだから、恐ろしいスピード感だ。

ダウンタウンに隣接するこの地域で高度利用が長年進まなかったのは、１９６０年代に高架の高速道路を建設する予定で市が土地を買収していたこともある。１９７０年代にその計画が廃止された後もそのまま土地が活用されてこなかったのだ。[6] 高速道路の計画案への市民の反対運動が起こり、反対派からの訴えを受けた裁判を経て高速道路建設の是非を問う住民投票が行われ、その結果、計画の廃止に至ったものだ。[7]

当時の計画案（図３）を見ると、高速道路はダウンタウンの中心部からユニオン湖へのアクセスを物理的に断ち切っている様子がわかる。ユニオン湖のウォーターフロント沿いにそびえ立ち、シアトル

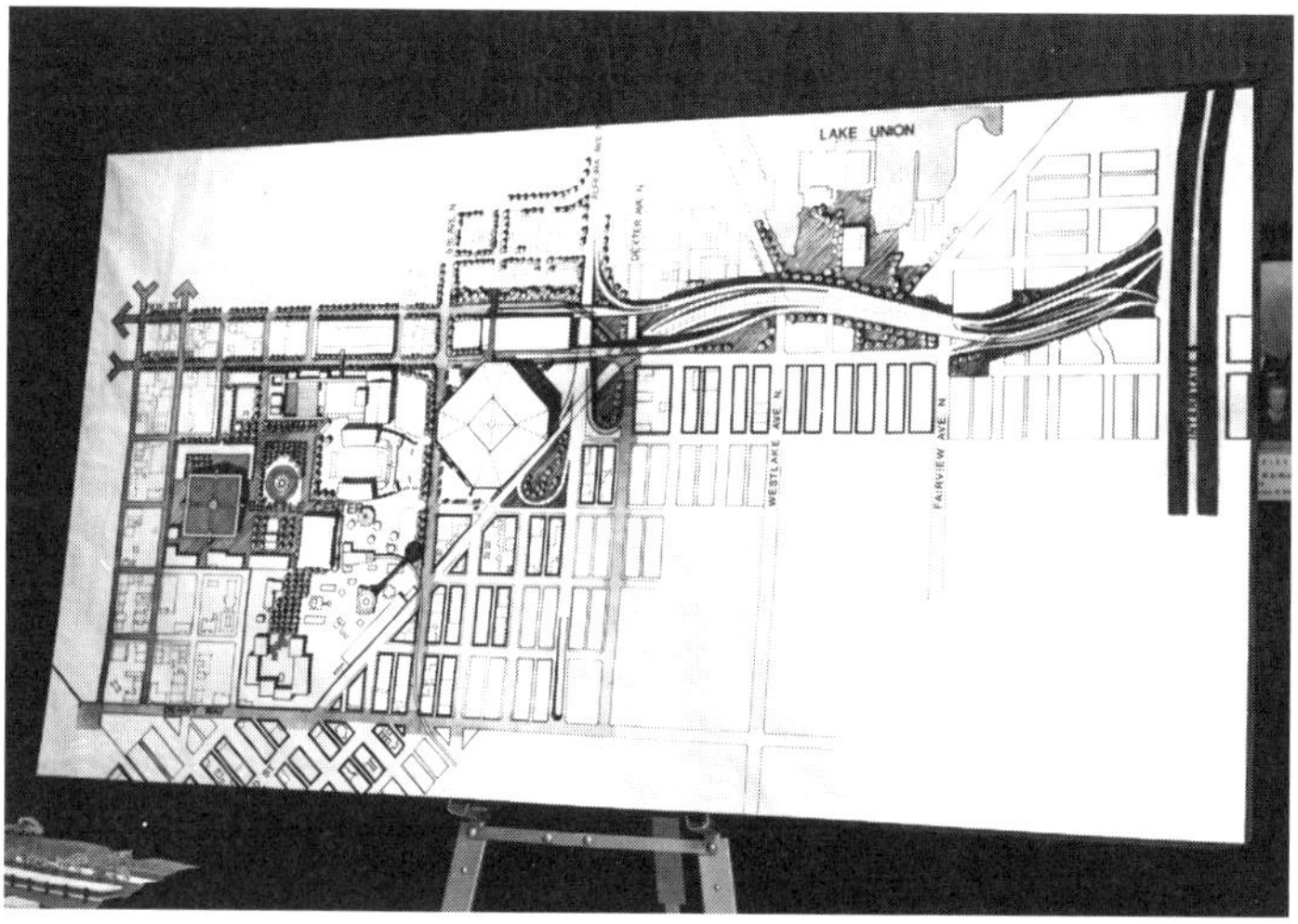

図3　ユニオン湖のウォーターフロントに高速道路が建設されようとしていた当時の計画案（1970年）[5]

市を縦に並行して通る二つの高速道路（I－5とSR99）を巨大なレーンとジャンクションを介して結ぶこの高速道路の計画がもし実現していたら、サウスレイクユニオンとユニオン湖の間の大きな壁となり、現在のようなこの地域の発展はなかったかもしれない。

　ともかく、シアトル市民らしい反対運動が行われたことで、サウスレイクユニオンは近年まで低利用の状態で残されることとなった。ここに、1990年代になって大資本家が参画した夢の都市計画が提案されたのである。それが「シアトル・コモンズ」と名づけられた、大規模な公園を中心としたまちづくりの計画であった。しかし、ここでもまたシアトル市民による大きな計画への拒絶が起きたことで、結果的に市場ベースによる開発が街区単位で進むことになったのである。

大規模公園を軸としたシアトル・コモンズ計画

1911年に著名なエンジニアのヴァージル・G・ボーグによる「シアトル計画」の一部として、サウスレイクユニオンでは都市美運動の美学を反映した中央駅とそれに続く大通りが提案されていた。この計画は野心的な交通システムを含む、シアトルを大きくつくりかえる計画だが、有権者投票の結果否決されて実現されなかった。[8] この時の計画はいわば、エンジニアによる工学的な夢の計画であった。

そこから80年ほど経った1991年に、公園を中心としたサウスレイクユニオンの開発計画作成の機運が高まった。きっかけは、公園や大通りをつくることを提案した地元紙シアトル・タイムズのコラム記事である。この計画に対して、当時匿名で実際の土地買収のための20ミリオンドル（約26億円）の寄付を行ったのが、マイクロソフト社の共同設立者であるポール・アレンだった。[9]

計画は「シアトル・コモンズ」という有志による非営利団体によって作成され、シアトル市に提出された。計画案における公園敷地の60％は以前廃止された高速道路計画のために市が所有していた敷地であり、公園予定地の多くは青空駐車場となっていた。[10] つまり、公園に関しては市の敷地を利用し、駐車場を転用すれば建物を壊す必要もあまりなく、空間的に実現可能性が高かったのだ。実際、シアトル市では高速道路の計画案が廃止された後、残された公有地をこの貴重な立地でどのように活かすか、さまざまな案が出ては消えていった経緯がある。シアトル・コモンズの計画は公園や

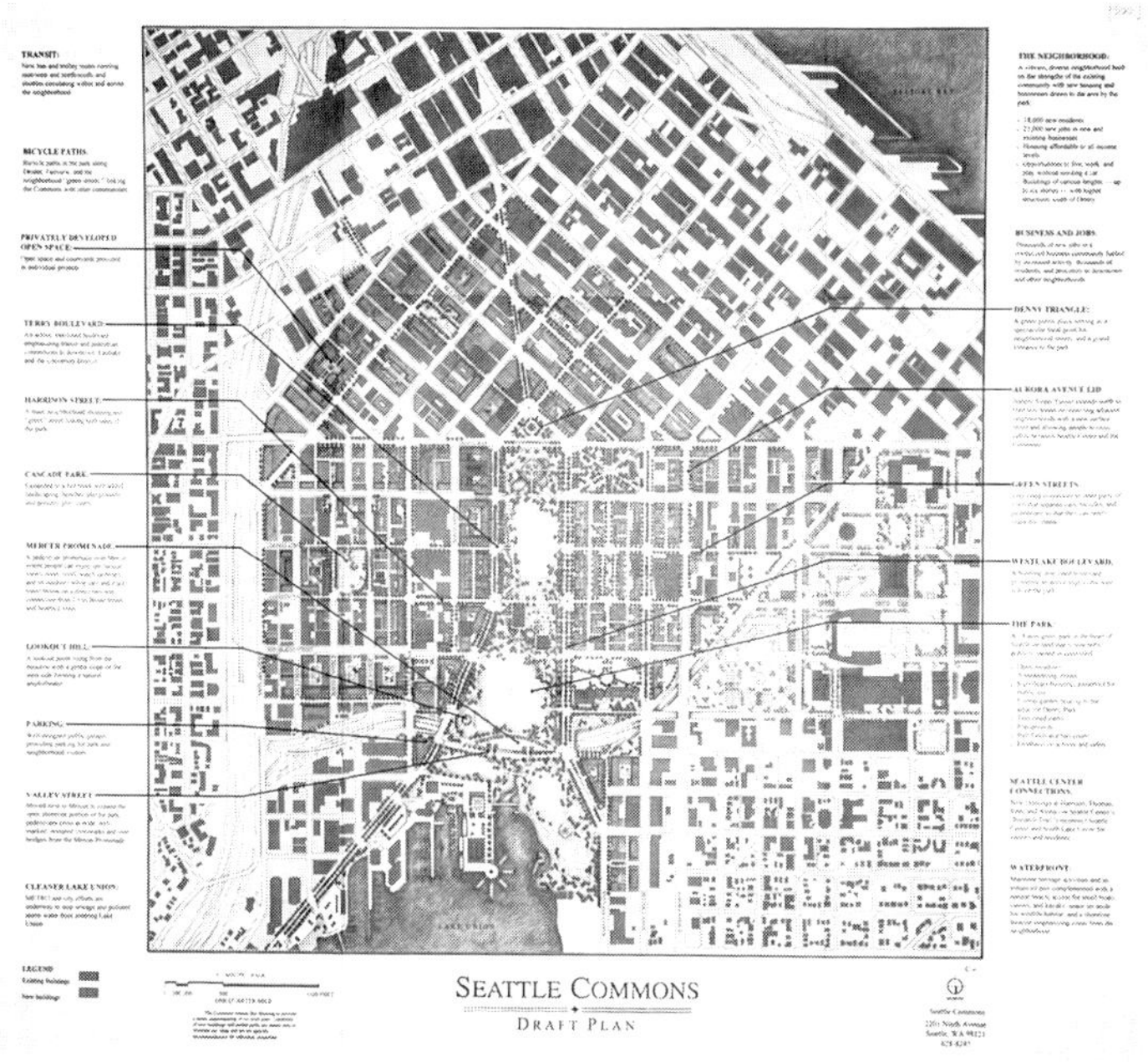

図4　1993年時点でのシアトル・コモンズ案（北が下となった図）[12]

施設の開発を民間の開発業者に任せる計画ともなっており、アーバン・ビレッジの実現および地域の価値向上において、大きな市側の支出が必要なかった点も市にとっては都合がよかったのである。[11]

このように、コモンズを推進する人々と市が協調関係を構築するなかで、作成されたシアトル・コモンズの計画案（図４）には、たとえば次のような内容が含まれていた。[13]

・１万５千人の新しい住民
・あらゆる層にアフォーダブルな住宅の提供
・幹線道路に緑化された蓋をかけ、全体がつながった公園を

つくる

・民間による街区内のオープンスペースの創出

この計画案は、30万㎡くらいの公園を中心軸として、東西方向には高速道路のI-5からスペースニードルがあるシアトル・センター、南北方向にはダウンタウンの中心からユニオン湖にまで拡がる、およそ1・9㎢のスケールでのシアトル中心部の大改造である。この「市民からの」案を実現するために、マスタープランに組み込むべくシアトル市議会が決議し、その上で市側のプロジェクトとして進めるための開発資金は「短期債と不動産の価値上昇に伴う税収で賄われる予定」になっていた。[14] シアトル・コモンズはポール・アレンだけでなく、複数の企業の支援を受け、少しずつ土地を買い進めるなど準備を進めていったのである。

同時期に策定されたアーバン・ビレッジ戦略（3章参照）でも、シアトル・コモンズが位置するサウスレイクユニオンは地域内で雇用を生み出し、商業拠点ともなる「ハブ・アーバン・ビレッジ」として当時位置づけられており、ある程度の密度を許容して開発するエリアであるとされていた。[15] シアトル・コモンズの開発計画は市の全体計画と親和性をもって進められたのである。

そして、その計画を実行するための市側の資金源とする、固定資産税に上乗せした税徴収に関して是非を問う住民投票がシアトル市によって行われた結果、市民から1995年と1996年の2回とも否決されてしまった。結局、このシアトル・コモンズという大きな計画は実現しなかったのだ。

この計画の中で30万㎡くらいの公園が計画されていた部分は現在メインストリートが通り、そこ

上：図5　シアトル・コモンズで巨大公園の一部とされたエリアには現在ストリートカーが走り、その周辺に中層の建物が開発されている（2021年）
下：図6　レイクユニオン・パーク。周辺にグーグル社などのオフィスが立地する（2021年）

に2007年に開通したストリートカーが走っている（図5）。湖沿いの公園はレイクユニオン・パークとして整備された（図6）。確かにシアトル・コモンズの計画案が受け入れられなかったことで、当時このエリアに立地していた小規模な事業者を広範囲に一気に追い出すことはなかったのだろう。しかし、結果として開発が進んだ現在、以前の事業者はいなくなっているのだ。

ちなみに当時巨大な公園が計画された背景として、ダウンタウンのオープンスペースが不足していたこともある。シアトル市は1903年のオルムステッド兄弟のパーク・システム計画に始まった緑のネットワークシステムの整備によって、市内には大きな公園がいくつもあるが、ダウンタウンにはオープンスペースは非常に少ない。ウォーターフロントの再整備によって現代彫刻が展示されたスカルプチャー・パークなどの新しい公園をつくりだしてはいるが、ダウンタウンの本当の中心部には小さなプラザがあるだけである。これは、オルムステッド兄弟がパーク・システムを計画した時点で、すでにダウンタウンは開発が進んでいたため公園をつくる余剰地がなく、ダウンタウンを取り囲むように緑のネットワークを計画するしかなかったためである。[16]

そのような事情もあって、シアトル・コモンズが実現すれば、ニューヨークのセントラル・パークのような空間が生まれるのに、と惜しむ意見[17]もあった。確かに、ニューヨーク・マンハッタンではセントラル・パークが中心部の土地のかなりの割合を占めており、市民に質の高いアメニティを提供し、地域価値の向上に結びついている。もっとも、セントラル・パークができた19世紀とシアトル・コモンズが計画された1990年代ではあまりにも時代背景が違いすぎる。スケールが少し前時代的だったシアトル・コモンズ計画は、市のアーバン・ビレッジ戦略に合致しながらも、「シアトル・プロセス」とも呼ばれるような市民の意思表明によって見送られることになった。

2 マイクロソフト出身の資本家が乗り出す都市開発

「シアトル・コモンズ」という大きな夢は否決されたが、ポール・アレンには1996年に非営利団体シアトル・コモンズから返還された土地（ポール・アレンの融資で購入した土地）が残された。

1999年には、すでにアレンのビジョンが報じられている。「このエリアはそのうち再開発する計画だ。そして、バイオテックや先端技術企業を呼び込みます[18]」と。1996年に土地が返還された後も、ポール・アレンはこのエリアの土地を買い続けていた。アレンが設立したブルカン社が、そのビジョンに従ってどれほどこの地域を劇的なスピードで変貌させたか見てみよう（図7）。

たとえば前掲の1999年の記事ですでに購入した敷地の一つとして取り上げられていた「520 Westlake Ave」の変化を例に挙げる。ちょうどサウスレイクユニオンの中央部分に位置し、目の前にストリートカーの停留所がある敷地だ。Googleのストリートビューで確認すると、2011年の時点では簡素な2階建てのサプライストアで、道路の反対側は広大な駐車場だった。10年後の2021年の時点で、12階建てのLEED認証されたグリーン・ビルディングが建ち、ポップなパ

上：図7　サウスレイクユニオン南部、デニー・トライアングル地区とダウンタウンを望む(2004年)。ビル群の手前は現在アマゾン本社ビルが位置するエリアだが、当時は非常に低密度な状況であったことがわかる
下：図8　ユニオン湖近く、520 Westlake Aveの現在（2023年)。緑豊かで環境に優しいオフィスビルがデザインされ、アーバン・デザインのお手本のようでもある

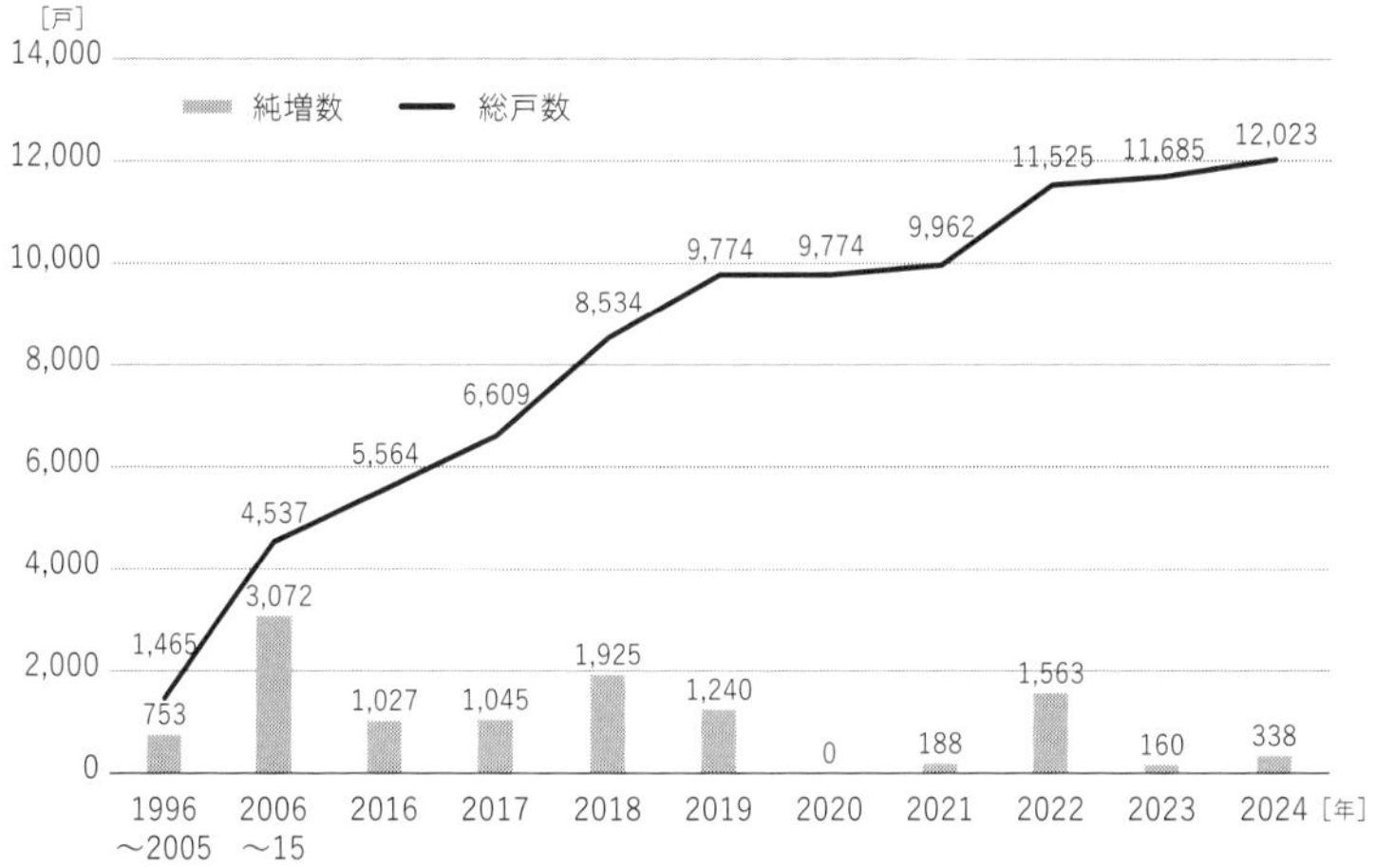

図9　サウスレイクユニオンの住宅戸数の変化。サウスレイクユニオンでは2015～2022年6月までで住戸数の増加率が145.8%であった。アーバン・センター全体での同期間の増加率は34.3%である[19]

ブリックアートが設置されている。対面の駐車場だった敷地も、2014年の時点で同様のオフィスビルがブロックを占め、アマゾンのキャンパスの一部として使用されていた。この敷地周辺は低利用の寂寥とした景色から、落ち着いた色彩の高級なオフィスと、ウォーカブルで「環境に優しい」しつらえが用意された、都市デザインのお手本のような風景へと変貌したのである（図8）。タワーマンションの建設も進み、この地域の住宅戸数の増加率はシアトル市内で突出して高い。このデータからも凝縮した開発が進んでいることがわかる（図9）。

短期間でまちが変わった

それにしても、1人の資本家のビジョンが行政でも不可能なレベルのスケールで、短期間にエリアを変貌させることができた背景には何があったのだろうか。

第一に、ポール・アレンがシアトル出身で、37歳の若さで天文学的な資産を得ていたということが大きい。コンピュータ市場の急成長によって、マイクロソフト社の持ち株を売却して大きな資産を得て、資産管理のためにブルカン社を設立した上で、出身地であるシアトルで文化的な事業や慈善事業などの公共性の高いプロジェクトに費やしていたのである。ポール・アレンはサウスレイクユニオンの開発だけでなく、同時期に新スタジアムの開発資金の一部負担や、フランク・ゲーリー設計の音楽博物館の建設など、シアトルでさまざまな事業を進めていた。[20]

第二に、工業地帯としてのゾーニングや、中止になった高速道路建設計画などが一時期持ち上がっていたことから、主に商業・工業の用途や駐車場などの低未利用地が多く、かつすでに行政に買収されていた土地が多かったということがある。その結果、開発に必要な立ち退きや、地権者との交渉、シアトル市民による大規模な反対運動などが生じにくかったこともあるだろう。

第三に、シアトル・コモンズは住民投票では否決されたが、この計画は市のアーバン・ビレッジ戦略と親和性が高かったということがある。市民が抵抗感を覚えたシアトル・コモンズのような「大きな」ビジョンが否決されたことで、結果的には街区単位での開発による変化が漸進的に起きたのである。アーバン・ビレッジ戦略と連動してゾーニングも変更され、より高密な開発が許容された。

そして、第四のポイントとして、ちょうど時代的にアマゾンなどのハイテク企業やバイオテック企業が成長し、シアトルがそれらの産業の中心地の一つであったというタイミングがある。これ

図10　ガラスが光を反射して煌めくオフィス街に、カラフルなストリートカーが走る（2023年）

らの企業は、アマゾンがまちなかにオフィス機能を拡大するなど企業単位でまちに変化をもたらしただけでなく、後述するストリートカーの共同整備のように企業・敷地を超えて地域をつくりかえていった。

ストリートカー開通と受益者負担

2004年には、サウスレイクユニオンは市の計画で、住宅とオフィス用途のバランスをとりながら成長する「アーバン・ビレッジ」から、より高密度で高い集積度を許容する「アーバン・センター」へと位置づけが変わった。そして、2005年に公共事業から利益を得られる地域が直接公共事業にお金を供出する仕組みである「ローカル・インプルーブメント・ディストリクト（LID）」が指定された。このローカル・インプルーブメント・ディストリクトは、ストリートカー沿線の企業と不動産オーナーによって組成され、ストリートカーの整備費の半分以上の資金がＬＩＤから供給された[21]（図10）。

ここでは、ストリートカーを建設することで不動産の価値が高まることから、その近接性と連動した価値上昇の期待度合いが換算され、整備資金に充てるために特別に徴収される固定資産税の税率が定められた。たとえば、路線のすぐ近くにある区画の税率は８％、外側の区画は１％となっている。[21]その結果、ストリートカーの総工費の半分近くを不動産所有者が負担し、運営費も「スポンサーシップ・プログラム」によって多くは民間資金で賄われた。[22]官民連携のシステムと資本力によって、サウスレイクユニオンはよりウォーカブルな地域となった。

3　アマゾンがやってきて、まちはどう変わったか

現在のサウスレイクユニオンで最も存在感があるのは、大地主だったポール・アレンの古巣のマイクロソフト社ではなく、アマゾン・ドットコム社である。アマゾン社は１９９４年にシアトル郊外のベルビューで起業した後、周辺のオフィスに移転を重ねながら、シアトル市南部のビーコンヒルから、２０１２年頃に本社機能をこの地域に移転した。その後、サウスレイクユニオンはアマゾンのまちなかオフィスが集中し、アマゾン村（地元紙シアトル・タイムズでは「Amazonia（アマゾン川流域）[23]」と呼んでいた）とも言えるような地域となっていった。

図11　アマゾンの本社キャンパス。ザ・スフィアズ（球体）の中には植物園のような空間と、会議室などがある（2022年）

アマゾン社は、2007年にサウスレイクユニオンへの移転を宣言し、それと前後してこのネイバーフッドの高さ制限も緩和されたわけだが[24]、今ではここに多くの不動産を所有し、かつ賃貸している。

最も象徴的なのは、本社キャンパス（アマゾンズ・デイワン・ビルディング）であり、低層階には内部が植物園となっているガラスの球体の「ザ・スフィアズ（球）」がある（9頁上写真、図11）。このガラスの球体は、路面電車が通るメインストリートから1本入った街区に突然現れる。周辺の高層ビルの風景をモザイクのように映すガラスの球体から日差しが燦々と入り込む内部では植物が育てられ、緑の空間の中に会議室やカフェが並ぶ、贅沢で少し奇妙なオフィス空間になっている。観光客がカメラを向けるザ・スフィアズの周辺にはアマゾンの従業員向けのレストランやサービスなどが立ち並び、既存のダウンタウンの外側にもう一つのダウンタウンができたようである。

アマゾンがサウスレイクユニオンのような中心部に移転してきたのは、ＩＴ企業の本社の「まちなか化」を示している。ＩＴ企業の本社は、業務上の秘密を守るために、伝統的には郊外に立地することが多かった。シアトル郊外にあるマイクロソフトの本社を訪れたことがあるが、独立型の大きなキャンパスであり、中に十分な従業員向けのアメニティがあり、働いている時間中に外出する必要はまったくない。このような「伝統的」な郊外型キャンパスとは違い、アマゾンがまちなかに本社をつくったのは近年のトレンドでもある。ワシントン大学のマーガレット・オハラ教授は、アメリカでの近年のＩＴ企業の立地選択に関して次のように述べている。

「イノベーションのためには、長い歴史が示している通り、カテドラル型だけでなく、バザール型も必要[25]」

「カテドラルとバザール」とは、ソフトウェア開発に関連するエリック・スティーブン・レイモンドのメタファー[26]だが、ここではセレンディピティを招く「バザール型」のまちなかキャンパスの必要性を語る上でこの言葉が用いられている（「カテドラル型」はここでは比喩表現として独立した郊外型キャンパス空間のことを示している）。ソフトウェアの開発をする上でそれほど大きなキャンパスが必要なくなったこともこうした変化の背景としてオハラ教授は指摘している。[27]人々が気軽に路上で出会い、相互作用が生まれることの重要性も、まちなか本社の効能であるのだ。結局のところ、インターネットの普及でどこでも働けるようになると場所は重要でなくなるという指摘は基本的に間違っており、シアトルのようなスーパースター都市はより場所としての価値を増したのだった。[28]

場所としての価値を高めたネイバーフッドであるサウスレイクユニオンにおいて、「アマゾン・エフェクト」と呼ばれるアマゾン立地による影響として以下の3点が挙げられる。

第一に最もわかりやすい影響として、アマゾンのオフィス自体が物理的にここに数多く立地しているという空間利用への影響がある（図2）。

第二に、アマゾンのオフィスが存在することによる、地域の経済活動への影響である。これは、パンデミック期間にアマゾンの従業員が出社しなかった時期と、本社勤務が復活した時期を比較するとわかりやすい。アマゾンが2020年4月からパンデミック中にリモートワークに移行したことで、「建築事務所も、歯医者もいなくなった」と言われた[29]ように、地域のあらゆる産業にその影響は波及した。同時期にはストリートカーも運休し、アマゾンは地域への影響を考え、リモートワークによって影響を受ける本社周辺の小規模事業者に対して助成金を出して支援したほどだった。[30]パンデミックが収束し、アマゾンが2023年にリモートワークから週3日以上のオフィス勤務を義務づけたことで、2020～22年の同時期と比較して歩行者量が82％、レストランでのクレジットカードの取引件数は86％上がったとの調査データがある。[31]これは、アマゾンによる調査レポートで、アマゾンが地域ビジネスにいかに貢献しているかを示すための数字だが、それくらい、この地域の経済活動はアマゾンに左右されているということだ。そして2025年年初に

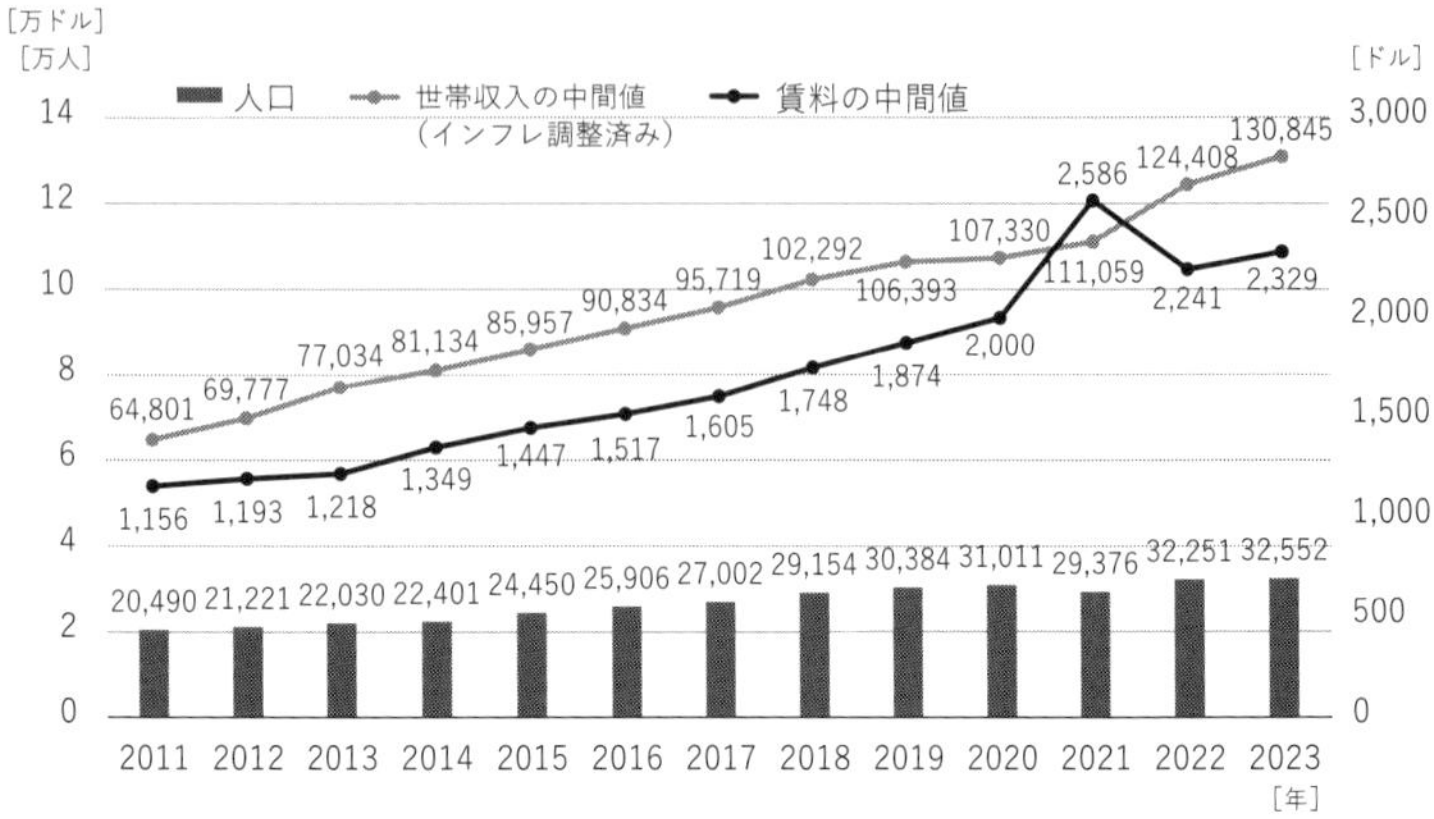

図12　サウスレイクユニオン（zip code 98109）の人口、世帯収入の中間値、賃料の中間値の変化[34]

週5日のオフィス勤務に戻ったが、このネイバーフッド内で5万人以上のアマゾンの従業員がいることから、今度は渋滞や駐車場不足が懸念されている。[32]

そして、アマゾン・エフェクトの第三の現象として、不動産価格の上昇と、賃金の上昇がある。不動産価格についてはシアトル全体で2010～17年にかけて、新築一戸建ての平均価格が83・4％上昇し、全米の新築一戸建て価格の上昇率のほぼ2倍に達した[33]そうだ。これはもちろんアマゾン単体の影響だけではないだろうが、アマゾンはワシントン州最大の雇用主のため、その影響は非常に大きかったと考えられる。特にサウスレイクユニオンに限って見てみると、アマゾン移転後の12年で世帯収入の中間値は2倍となっており、驚異的な伸びだ。また、同時期のサウスレイクユニオンの賃料の中間値の変化を見てみると、こちらも2倍近くに上昇している（図12）。

また、賃金の上昇に関して東海岸の研究者に聞いた話

図13　アマゾンの創業者ジェフ・ベゾスが資金提供してつくられた「MOHAI（産業歴史博物館）」(2021年)

だが、その他のアマゾン・エフェクトとして、アマゾンの物流倉庫での時給が地域相場より高く、求職者を広く集めてしまうため、他の事業所で人が雇えないという影響が出ているとのことだった。アメリカでは雇用創出数を正義の数字としてよく引き合いに出すが、実際のところアマゾンの存在はパンデミックによる人手不足の中での雇用の奪い合いという側面から、地域に負の影響を与えていた部分もあった。

「文化的スペース」の激減

サウスレイクユニオンでは、短期間に開発が進み、そうした開発の渦に巻き込まれて、それまでビジネスをしていた人々が居場所を失ってしまった。代表的な例は、2章でも紹介したような文化関連の事業者である。サウスレイクユニオンには、開発が本格化する前はダウンタウンの縁辺部としてギャラリーやシアターが複数存在しており、シアトル市アート・文化局の資料[35]によると、2004年の時点でそうした「文化スペース」が23カ所あった。しかし、2014年には4カ所まで減っている。しかもその4カ所のうちの一つはアマゾンの創業

図14　冬は早く日が落ちるシアトルで、日没後もまちを楽しんでもらえるよう設置されたパブリック・インスタレーション（2021年）[39]

者ジェフ・ベゾスが資金提供した「ＭＯＨＡＩ（産業歴史博物館）」だ（図13）。２００４～14年の10年間にサウスレイクユニオンの変化を生き延びた「文化スペース」はCenter for Wooden Boats（海洋博物館）とCornish College of the Arts（美術大学）の二つだけであり、かつて存在した小規模な文化スペースは実質ほぼ全滅したに近い。たとえば、２００４年当時ここにあったとされるシアターは自分たちの歴史を伝えるなかで、移転した理由を次のように述べている。

「私たちはマーサー・ストリート８００番地の地下にある25年間住み慣れた場所を追い出されることを知った。シアトル市が所有するこのビルは、サウスレイクユニオンのバイオ・テクノロジー開発の一環として売却されることになった[36]」

サウスレイクユニオンにあったこのマーサー・ストリート８００番地の土地は、シアトル市からカリフォルニアのデベロッパーに１億４３００万ドル

（約226億円）という記録的な数字で売却の交渉中と当時報道されたのだった。[37]

一方、開発事業者のブルカン社は新規開発の建設予算の0・5％をパブリックアートに拠出し、[38]サウスレイクユニオンにはたくさんのアートが設置されている（図14）。しかし、アート作品がまちに存在しているのと、アートシーンが存在しているのとはまったく意味が異なる。地域に自然発生的に集積したアートシーン自体は、開発の中で持続させるのは難しい。大企業が提供する清潔な空間に鎮座する端正なアートが、今のサウスレイクユニオンの文化的な空間を演出している。そしてそのことがまた別の意味で「文化スペース」としてアーティストを支えている側面もあるのだが。

図15　サウスレイクユニオンに建設中の48階建てタワーマンション（2023年）

20年でまちを変貌させた公民連携

サウスレイクユニオンは、アーバン・ビレッジ戦略と連動しながら、開発を見据えた規制緩和と民間がつくる公共空間という公民連携でまちをつくりかえて

図16　サウスレイクユニオンのストリート景観。古くからの中心街とは異なり、清潔でアーバン・デザインのお手本のように見える（2023年）

いった例である。

こうした開発のあり方は全世界的な傾向である。公民連携は、行政による制度を変える力や計画力と、民間企業側の資本力とが相まって、抗えない力で都市を変えてしまう。たとえば、アマゾン本社の移転を控えた２００７年の高さ制限の緩和もそうだが、その後２０１３年にもゾーニングが変更され、工業地域だったところで住宅を含む複合用途の建設を可能とし、インセンティブ・ゾーニングの手法で「公共貢献」による規制緩和を可能とした。高さ・容積緩和を可能とする「公共貢献」としては、アフォーダブル住宅の建設や、農村部の農地の開発権を移転することなどがあった。[40] 地元ワシントン大学の研究者の話では、このような規制緩和は、この地域にタワーマンションを建設する後押しとなったのではないかと考えられている。

サウスレイクユニオンでは、これらの公民連携によってオフィスとタワーマンションが林立し、密度を高めた開発が集中している（図15）。１９９８年のネイバーフッド・プランの現状評価で駐車場や空き地が並ぶ「低密度」なエリアと表現されていた状況が今では信じられないくらいだ。公民連携の威力をこれほどの短期間かつ空間的スケールで観察できる場所はないだろう（図16）。

4 資本家の夢とネイバーフッド

サウスレイクユニオンにおけるネイバーフッドのストーリーは大きく二つである。

一つは、成長のエンジンとしての開発を公民連携で進め、アーバン・ビレッジ戦略など密度を集中して高める政策も相まって、シアトルのスカイラインが高く伸びたことである。ダウンタウンで代替プランをつくって抵抗したような（4章参照）市民力はサウスレイクユニオンでもシアトル・コモンズを否決した際に発揮されたが、その後の開発では民間の資金力に圧倒されてきた側面が大きい。

もう一つは、開発と発展の影響はそれが集中するネイバーフッドを超えて波及していくということである。このことは、「ジェントリフィケーション」「ゾンビ・アーバニズム」のような言葉で表現できるが、産業都市としての発展が桁違いの富を手にする若者を生み出し、その富がシアトルの成長戦略と相まって巨大な開発地域を生み出した。サウスレイクユニオンは、2000年以降流入したテック企業の技術者など、高所得の新市民たちの居住地・オフィスとしてつくりあげられてきたのである。そして産業都市としての発展は、他都市が羨むアマゾンのような大企業の立地によって、一つのネイバーフッドを超えて市民生活全体に影響していった。

結局のところ、サウスレイクユニオンのような資本を吸引するネイバーフッドでは、シアトルのような市民力を鍛えてきた都市でも、資本力のある主体の夢がネイバーフッド空間を変えることとなったのだ。マイクロソフトやアマゾンなどはシアトルで育った新産業の象徴でもあり、その産業がつくった空間が「次の」リベラル層を招きこんだのだ。

6章

Capitol Hill

キャピトルヒル

――メインストリームに消費されるオルタナティブな価値

図1　ボヘミアンな雰囲気の店舗が軒を連ねるキャピトルヒル（2006年当時）[1]

キャピトルヒルは、ダウンタウンとサウスレイクユニオンに隣接しているが、そこから徒歩で向かうのは大変だ。市の中心部に谷あいをつくるように整備され、巨大な分割線となっているI-5（州間高速道路5号）上の無機質な橋を渡り、ひたすら急な坂を登って行った先にあるネイバーフッドだからだ。ダウンタウンからは歩ける距離だが、「hill（丘）」という名前の通り、丘の上に位置し、まちの雰囲気も建物のスケールも、分割線となるI-5を境に急に変化する。

キャピトルヒルはシアトルのカウンターカルチャーの発信地だが、ボヘミアンな雰囲気をまとうこの地域も、近年開発の波にさらされてきた。かつては低層の小さな店舗が並び、お香の匂いがどこからともなく

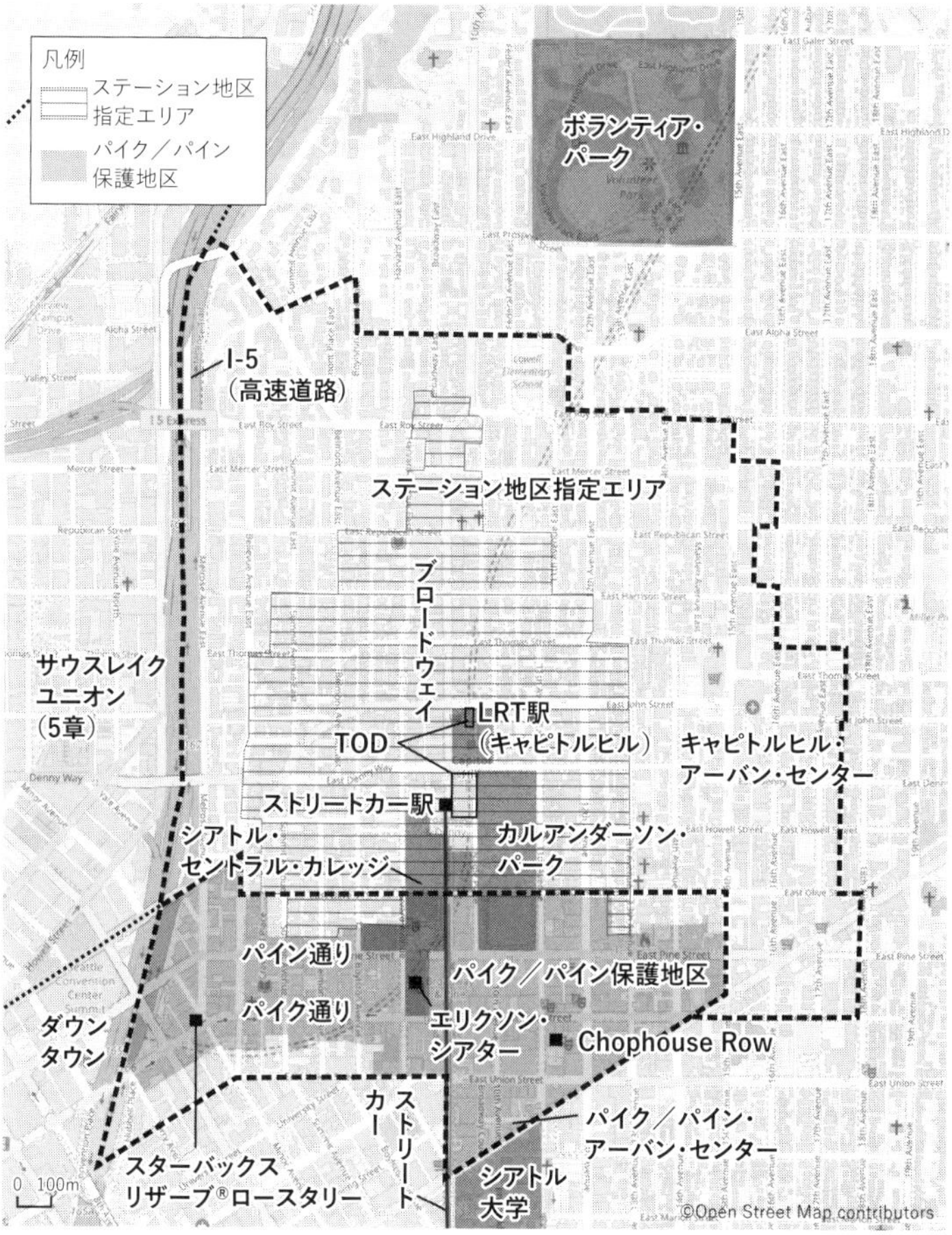

図2　キャピトルヒルの中心エリア[2]

漂ってくるようなチルな雰囲気のある地域だったが、そうしたイメージが資本流入の呼び水となっているのも事実である（図1）。

開発が進み、地域に新しい人々が流入してくると、以前からこのネイバーフッドを居場所としてきた人々が追い立てられる。そしてジェントリフィケーションが起きるなかで、新しくやってきた人と追い出された人のそれぞれの立場がぶつかる場面も出てきた。市民による葛藤が先鋭化して表れたのが、後述する2020年のパンデミック中に起こった自治区運動である。

なお、「キャピトルヒル」は計画文書によってネイバーフッドの範囲が異なる。ここでは、アーバン・ビレッジ戦略の中で一体的にアーバン・センターとして位置づけられた、商店街が拡がるパイク／パインエリアも含んだ範囲を「キャピトルヒル」と呼ぶ（図2）。

1 ボヘミアンな商店街とハイソな住宅地

高級住宅地としてのなりたち

商店が集まる中心部はボヘミアンな雰囲気を持つキャピトルヒルだが、ネイバーフッドの一部は19世紀末から20世紀初頭にかけて「高級住宅地」として整備されたところでもある。ネイバーフッ

上：図3　市民の憩いの場となっているボランティア・パーク（2023年）
下：図4　邸宅が並ぶボランティア・パーク周辺（2022年）

ドには、オルムステッド兄弟の計画案に基づいて整備された美しい公園ボランティア・パーク（図3）とカルアンダーソン・パークが立地する。特にネイバーフッドの北側にあるボランティア・パーク周辺は、材木業で財をなした人々が住んだ「ミリオネア通り」と呼ばれる高級住宅地としての歴史があり、国の歴史的建造物として登録されるような、シアトルの黎明期に建設された美しい住宅が今も多く残されている（図4）。20世紀初頭はダウンタウンの外側にあった「郊外」[3]である住宅地は、表通りの喧噪とはまるで別世界のように緑豊かで静かな環境が保たれている。立地の良さ、敷地の大きさ、環境の良さが揃い、不動産サイトを見ると各住宅には日本円でおよそ3〜4億円の値がつけられている。

住宅が不足している現代のシアトル的感覚からすると、中心部にあるにもかかわらず郊外住宅地的で、贅沢で排他的にも見られることもあるのだろう。そのような印象を和らげようとしてか、戸建て住宅限定のゾーニングから、より建築タイプの受容度が高く聞こえる「ネイバーフッド住宅地」に名称が2022年に変更された。ちなみにこの名称変更時にはゾーニングの規制内容自体は変えられていないが、名前を変えることで今後の変化に期待をこめている、とのことだった。[4]

カウンターカルチャーの発信地として

一方で、このキャピトルヒルには相反した特性が内包されている。先に述べたような公園を取り囲

上：図5　個性的な店が並ぶネイバーフッドの中心商店街であるブロードウェイ（2021年）
下：図6　夜も賑やかなパイク／パインエリア（2023年）

図7　シアトル・セントラル・カレッジによってかつての自動車修理工場がリノベーションされたエリクソン・シアター[8]（2022年）

む静かな高級住宅地があると思えば、そこから歩いて10分程度のところに位置するブロードウェイ商店街（図5）と、自動車関連用途が集中していた時代の建築物が残るパイク通りとパイン通りの商店街（図6）はヒップな店舗の集積地になっている。ブロードウェイ沿いは多くが用途混合型の商業型ゾーニングに指定されており、すぐ裏側には住宅も多い。そして、そのヒップな雰囲気にもかかわらず、地域の住宅は販売価格も賃料もそれなりに高額である。この地域を歩いていると、ストリートを行き交う自由な雰囲気の人たちは、ここでどのような住まい方をしているのだろうと不思議に思うのだ。もちろん補助つきのアフォーダブル住宅もあり、小さな戸建てもあるのでそうしたところでシェアして住むなど、さまざまな住み方はあるのだが。

　ヒップな雰囲気をつくりだしてきた背景の一つに、アートの集積がある。有名な例で言えば、ニューヨークのソーホー地区で製造業が空洞化した後、階高が高く、アート制作に使い勝手の良いアイロンキャストの建物にアーティストが住みだしたように、キャピトルヒルでもパイク通り・パイン通りで自動車ディーラーとして使われていた大きな空間にアーティストが入居するようになった。[5] ネイバーフッドの中心部には次第にアーティストが集まるようになり、アート関連の用途が集積した（図7）。また、ネイバーフッドにはシアトル大学（1891年設立）が隣接し、かつシアトル・セントラル・カレッジ（1966年設立）が位置しており、どちらもアートを教える学部がある。

また、この地域はLGBTQコミュニティの拠点としての歴史がある。60年代から育まれてきたカウンターカルチャーの中心地として多様性に寛容なコミュニティを形成し、プライド・ウィークのパレードの舞台ともなり、LGBTQコミュニティや若者への支援センターが1960年代から活動してきたの[6]がこのネイバーフッドだ。90年代くらいまでは、中心地への近さと低家賃[7]を背景に、個性あるビジネスや文化が集中するエリアとして、アーティストを惹きつけ、カウンターカルチャーの発信地としての特性をより強めてきた。

2 経済のメインストリームに消費される危機

狙われたオルタナティブな価値とファサーディズム

しかし、こうしたカウンターカルチャーの拠点としての魅力が、メインストリームの経済活動によって消費されるという矛盾した事態を生じさせ、不動産価格の上昇、ジェントリフィケーションを引き起こしてきた。

キャピトルヒルは大規模店舗やチェーン店が並ぶダウンタウンとは異なり、基本的に小規模な個人商店が路面店として立ち並ぶ場所である。以前のキャピトルヒルは、低層でゆったりとした雰囲気ながら、エッジの効いた店舗が個性的な雰囲気を醸し出していた。メインストリートであるブロードウェイ商店街には、赤やピンクのネオンサインがファサードに飾られ、お香やステッカー、派手なドレスが店頭に並んでいた。ところが、徐々にこのオルタナティブな雰囲気を自社のブランディングに活用する店が出店するようになり、10ドルのビーガンアイスクリームや、50ドルもするシャンプーを売る店が出てくるなど、アップスケールな商店街へと変貌してきた。

つまり、商業が高級化し、個性的な雰囲気を形成してきた店舗が存続できなくなる、いわゆる「商業ジェントリフィケーション」の舞台となってきたのである。「商業ジェントリフィケーション」とは、大手資本の参入によって「商業資本の空間的再編成」[9]が起きることであり、そうなると小さなスケールの店舗は淘汰されてしまう。そしてその「空間的再編成」は、路面店のストア・フロント（店先）を変容させ、まちの印象を変えてしまうのである。

上：図8　腰ばき保存（ファサーディズム）のコンドミニアム（2022年）
下：図9　スターバックスのリザーブ®ロースタリー。キャピトルヒルらしく、レインボーの旗が掲げられている（2023年）

CHOPHOUSE ROW

図10　自動車部品店跡が複合開発されたChophouse Row。ファサード保存と後背部の開発の接続（右頁上）。パンデミック中には前面道路に屋外飲食のためのテントが出された。通路で中庭に抜けられるようになっており（上）、狭い通路を抜けると開放的な中庭が広がる（右頁下）。奥に「Bicycle and Café」のサインが見える（2021年）

キャピトルヒルの「空間的再編成」の実態だが、店舗のスケールはそれなりに小規模に保たれつつも、パイク／パイン保護地区という文化保全の地区指定（図2）の影響もあって、低層部分のファサードを保全しながら上階に近代的なコンドミニアムを開発する「腰ばき保存」が目立つ（図8）。これは英語で言うところのファサード保存と中身が分離した状態にある「ファサーディズム」のスタイルである。

そして、ストリートに面する1階の店先部分にはヒップな雰囲気を一見まとったチェーン店が増えてきた。スターバックスの焙煎機を備えた高級店リザーブ®ロースタリーもこのネイバーフッドにあり、自動車のショールームだった建物をリノベーションして活用している（図9）。ダウンタウンから坂を登る途中にあるこの高級版スターバックスは、建物の持つ歴史的価値が「地域感」を演出し、店内は連日大盛況だ。

その他にもこのネイバーフッドには「Chophouse Row」と呼ばれるファサーディズムの複合開発（図10）があり、この事例では古い建物を一部残しながら、そこを囲むように新築の建物が建設され、オフィスや住宅、店舗が入居している。保存された建物のファサードはもともと自動車部品店で、かつ、1980年代半ばから2013年まで、この建物はキャピトルヒルの活発なオルタナティブ・ミュージックシーンを支えるバンドの練習場として使用されていたようで[10]（もちろんその練習室はこの開発でなくなった）、そうした意味からもキャピトルヒルらしい歴史を重ねてきた建物だと言える。

正面から入ると、まっすぐ伸びる狭い通路に小さな店舗が面していて、商店街のような雰囲気が中庭まで続く。寒い時期には暖炉が利用者を温める中庭は、現代的な新築部分のボクシーな建物に囲まれている。ここは奥まった中庭部分もテナントが入る人気物件となり、そのテナントも、犬の預かりビジネスや自転車専門店とカフェが一体になった店舗など、実にシアトルらしい、かつこの地域の新しい住民層を意識したものだ。「特徴的な建造物」である自動車部品店のファサードを保全することで、この建物は高さ制限を10フィート（約3m）緩和して良いというデザイン委員会からの許可を得ている。[11] バイカラーに塗られることで、デザイン特性が強調された歴史的なファサードを新築部分が高く取り囲むようになっている。

このChophouse Rowの開発と直接関係があるのかはわからないが、このすぐ隣のビルで27年間営業していた大人気のカフェが2022年に閉鎖してしまった。すぐに再開発されるわけではないようだが、その兆しがあるからだということであった。[12] もちろんパンデミックの影響も営業の存続を諦める上では大きかったと思われるが、このように開発の波の中で地域の人々の思い出と結びつく場所が徐々に失われていくのは、ジェントリフィケーション的事象である。

まちが上書きされていく

このChophouse Rowの建物が、開発される前にミュージシャンの練習場であったことは、このネイバーフッドが文化を育てる空間的余裕と遊びがあった時代を象徴しているようだ。家賃が比較的安かった頃には、ユニークなビジネスやアーティストたちの活動が地域の個性的な価値をつくりだしていたが、今ではもう難しい。

地元紙シアトル・タイムズは、ジェントリフィケーションの背景としてIT技術者の流入を指摘し、キャピトルヒルがかつてのようなLGBTQコミュニティにフレンドリーで独自の文化を持っていた時代から様変わりし、週末にバーやクラブに集まって若者が騒ぐ場所となったこと、かつ新規開発と高額な住宅建設のラッシュがこの地で起きたことについて次のように表現していた。

「2010年以降に約89棟、4600戸以上の住宅が新たに建設されている。そのため、まるで誰かが大きな掃除用スポンジでいったんまちを消して、まったく違うイメージに描き直したように見えてしまうのだ[13]」

このことは、市のアーバン・ビレッジ戦略の中で、この地域が開発を集中させ、人口密度を高める「アーバン・センター」に指定されたこととも関係しているだろう。そして、ゾーニングのシステムもキャピトルヒルの密度を高める方向で変更されてきた。ライトレール駅を中心とした一帯は「ステーション地区」と指定され、40フィート（約12m）の高さ制限が65フィート（約20m）まで緩和された。また、2009年に指定されたパイク／パイン保護地区も開発業者にインセンティブを提供しており、全体として密度が上がる方向に進んでいることを地元のメディアが伝えている。[14]

人口集中を誘導することと、歴史的特性の保全、カウンターカルチャーの拠点という魅力を両立させることはかなり難しいことだ。表面上は新しい開発の中で歴史保全も、カウンターカルチャー「風」デザインも可能と言えば可能であり、実際、地域に新しくオープンした店舗は、ガイドラインで奨励されているデザインに従って小規模で「地元感」を装うものになっている。しかし、それらの新しい店舗は高所得者層を対象としており、かつＬＧＢＴＱのための店が徐々に解体され、そうした人々に対するヘイトクライムも増えているとの指摘[15]もある。事実、プライド・パレードが行われ、ＬＧＢＴＱの人々が安心して住める場所だったキャピトルヒルに「ブロ・カルチャー（男性中心的な文化）」が入ってくるようになり、２０１２年の時点ですでに同性カップルの世帯数が２０００年と比較して23％減少したとも報道されている。[16]これは、不動産価格の上昇という経済面と、それと連動するネイバーフッドの価値観、空気感の変化がもたらしたものだ。

ライトレール駅開業によるＴＯＤ

そしてこの地域にとって都市デザインの面から最も大きなインパクトをもたらしたのは、２０１６年のライトレールの駅の開業だった。駅開業後にＴＯＤ（公共交通指向型開発）が竣工し、駅周辺の空間を一変させた。開発が行われた土地のオーナーは自治体の境界を越えて広域的に公共交通を運営する公共機関である「サウンド・トランジット」であり、オルムステッド兄弟の計画をベースにつくられたカルアンダーソン・パークに隣接した、駅周辺の四つの敷地が開発対象となった。

図11　毎週日曜日に開催されるファーマーズマーケットでは、LRT駅周辺のプラザと前面道路が一体の空間として活用されている（2021年）

ＴＯＤによって開発された敷地は、昔の写真を見ると、平屋建てでネイルサロンや保険エージェントなどが並び、公園が静かな裏通りに面している「裏」な感じだった。今は、グリーンインフラ仕様に適合した雨水を浸透させるレイン・ガーデンが並ぶ脇道が美しく整備され、ＴＯＤによってこの場所は完全に「表」の場所になった。

ＴＯＤによる面的開発では、ネイバーフッド内の別の場所で毎週行われていたファーマーズマーケットの開催を想定した公共空間の設計が行われている（図11）。公民連携で巨大なパブリックアートが置かれたプラザ（広場）が建物の間に整備され、プラザの前の通りは縁石を設けないことでマーケット開催時

図12　LRT駅周辺開発の1階は、パンデミック時に空き店舗の状態が長く続いた。歩行者専用ゾーニングのエリアであり、歩行者が雨や日差しを避けるための庇が張り出している（2021年）

にはプラザと公園をつないで使えるように、また通常時には公道として使えるようにデザインされている。[17]

そしてプラザを取り囲むのは、一部アフォーダブル住宅を含んだ複合用途の中層の建物である。ＬＲＴの運営会社であるサウンド・トランジットはこの開発に際してポートランドの不動産投資会社と99年間のリース契約を締結し、一部はアフォーダブル住宅を手がける非営利団体であるキャピトルヒル・ハウジングに売却した。[18] また商店街であるブロードウェイ側の商業型のゾーニングには歩行者専用ゾーニングが上乗せしてかけられており、商店街側の１階は歩いて楽しくなるような路面店型の商業用途に指定されている。ただし、ＴＯＤの建設が完了した時期とパンデミックが重なり、長らく1階の商業用フロアは空室を示すサインで埋められていた（図12）。これはＴＯＤのテナント家賃が周辺に比べると高額であったことも影響したと考えられる。

文化政策でオルタナティブな価値は守れるか

このようにパンデミック時期には、ＴＯＤによる開発はその立地にもかかわらずテナント誘致に苦戦していたようだが、駅から少し離れた、よりダウンタウンに近いパイク／パイン通りでは、パンデミックの間に多くの店舗が閉鎖しても、新しいビジネスが間を空けず流入するという強力なレジリエンスが見られた。むしろ商業ジェントリフィケーションはパンデミックによって加速したように見える。たとえば、長年地域の象徴的存在であった「Ｒプレイス」というクラブがあったビルが２５０万ドルで買収され[19]（図13）、その伝統あるクラブはシアトル南部のＳＯＤＯ（ソード：サウス・オブ・ダウンタウン）と呼ばれる、近年新規出店が増えている工業地帯に名前を変えて移ったり（その後閉店したようだが[20]）、シアトル発祥のセレクトショップがパンデミック中に閉店し、ニューヨーク拠点のアパレルがその後入居するなど、より資本力を持つ主体が、パンデミック期間中に閉店した空間に新規に流入してきた。[21]

シアトルのような経済発展が著しい都市で、キャピトルヒルのような「他とは違う」魅力のある

図13　パンデミック中に買収された、Rプレイスが入居していた建物。地域文化を象徴する場所だった（2023年）

地域では賃料が高額になり、文化的用途は追い出されてしまうという、文化的スペースに対するジェントリフィケーションが起きやすい。よく言われていることだが、文化的用途は地域価値を上げるが、地域価値を上げることに貢献した文化を支える人々は、地域価値が不動産価値に反映されることで追い出しの対象となる皮肉なサイクルがあり、キャピトルヒルもいわばこのようなサイクルに入り込んでしまっている。

　そんなこともあって、シアトル市が最初にアート&文化ディストリクトとして指定したのがこのキャピトルヒルだった。それは2014年のことだが、文化ディストリクトに指定されたことで、文化的な活動のネットワークを支え、成長都市であるシアトルで文化活動が地域で持続できるようなツールが準備された。また、文化ディストリクトとしての指定の上に、さらにパイク／パイン通りの商店街が並ぶエリアには保護地区としての規制が重ねられている。この保護地区では地域のデザインガイドラインに従って開発のデザインレビューが行われるが、ガイドラインの中ではたとえば芸術・文化のまちとしての役割を支える用途の空間をデザインした場合には、容積緩和も検討できるとされており、また、地域内では古い建物を保存するために未使用の開発権利を移転、売却できるプログラムも使うことができるなど、文化保護の視点を持つように誘導されている。[22]

シアトル市アート・文化局の資料に、キャピトルヒルが文化ディストリクトに指定された2014年時点での「文化スペースのリスト」[23]が掲載されているが、それらのスペースがその後どうなったのか調べてみると、ギャラリーはいくつか移転し、劇場はすでに閉鎖したものもあった。たとえば1996年に開かれたダンスセンターは、入居していたビルを買い取ったデベロッパーに家賃を3倍にされたことでキャピトルヒル内で他の場所を探して移転し、結局パンデミック期間中に1万1千ドルの家賃が払えなくなったことで地域外に転出したストーリーを伝えている。[24]5章で紹介したサウスレイクユニオンの文化スペースの顛末とよく似たストーリーだ。文化ディストリクトとしての指定には固有の文化を守り、価値の低減を少しでも防ぐ目的があった。

しかし、繰り返しになるが、文化保全、歴史保全、人口集約を両立するプランニングがこのダウンタウンに近いネイバーフッドで実現できるのか、成長都市における難題を突きつけられているのがわかるだろう。今のところ、文化関連のセクターは最も脆弱なものの一つであり、キャピトルヒルらしい特性がすでにいくつか失われつつあるようだ。シアトル市では文化スペースを確保するための公共性を持ったデベロッパー（ＰＤＡ）の設立、文化セクターと不動産セクターが共に学び合うプログラムの創設など、文化コミュニティを支援している（2章参照）が、カルチャーの存在が価値づけられることによって、カルチャー自身の居場所を失ってしまっては、都市の魅力創出という点で本末転倒となる。

3　パンデミック、ＢＬＭ運動で出現した自治区[25]

そして、地域の持つ価値がそれをつくる主体を追い出してしまう自己矛盾的なジェントリフィケーションが生じてきたこのネイバーフッドの公共空間で、立場が違う人々の価値のぶつかりあいが表出した。その発端となったのはパンデミックである。２０２０年に約1カ月間、警察を追い出した「自治区」が形成され、公共空間が占拠されたのだ。

「自治区」がつくられた

なぜ「自治区」が形成されたのか、そこには２０２０年から始まった新型コロナウイルスによるパ

図14　CHOP内で路上に集まる人々（2020年）[26]

ンデミックとそれと連動して起きた全米的なムーブメントが関係する。シアトルが位置するワシントン州では、２０２０年1月にアメリカで新型コロナウイルスの「最初」の患者が発見された。そして2月29日には州非常事態宣言、3月23日には州からステイ・アット・ホームの命令が出された。自宅待機が求められる鬱屈した状況の中で、同年5月25日に中西部ミネソタ州ミネアポリスでアフリカ系アメリカ人男性が警察に殺害された事件の後、ブラック・ライブズ・マター（「黒人の命も大切だ」＝ＢＬＭ）運動が起こり、全米でデモが拡がっていった。このことが、キャピトルヒルで起きた「自治区」の社会的背景である。

キャピトルヒルではこのＢＬＭ運動からの展開として警察署から警察を追い出し、ＣＨＯＰ（Capitol Hill Organized Protest）と呼ばれた「自治区」運動が２０２０年6月に起きた（図

14）。CHOPでは、ネイバーフッドの中心であるカルアンダーソン・パークの周辺の数ブロックが、警察が介入できない状態となり、抗議集団のコントロール下に置かれた。群衆がネイバーフッド内の東警察署前に集まり、6月8日には警察はこの東警察署を放棄した。[27] 当時このCHOP近くの地域にとどまっていた友人の話では、始終上空からヘリコプターの騒音がして、郊外から若者が面白い出来事に参加しようとやってくるなど物見遊山的な参加もあったそうだ。また別の知人は、CHOPの中心地となったカルアンダーソン・パークに隣接する住まいからそれらの動きを目撃し、運動に関わる人々へのシンパシーから物品を提供したと話していた。

シンパシーと言えば、当時のシアトル市長はCHOPを「サマー・オブ・ラブ」と呼んだ。[28] これは1967年に、サンフランシスコの自由な雰囲気を持った（キャピトルヒルのような）地域で起きたヒッピー・ムーブメントのことである。しかし、CHOPは当初こそ牧歌的な雰囲気であったが、時間が経つにつれてそれどころの騒ぎではなくなっていった。約1カ月で警察の介入によってCHOP自体は解体されたが、その影響は地域に残り続けたのである。

シアトルでは過去にもこれと類似した出来事が起こっている。1999年に世界貿易機関（WTO）閣僚会議の開催に対するアンチ・グローバリゼーションを主張する暴動である（2章参照）。当時ダウンタウンは破壊され、催涙ガスがまかれ、夜間外出禁止命令が出た。[29] この暴動はグローバリゼーション初期の象徴的な出来事として記憶され、今回のCHOPも権威への闘争としての目的の類似性だけでなく、ダウンタウンでの破壊や警察の対応といった物理的類似性もあって、この文脈の延長線上で語られることが多い。

なぜキャピトルヒルに？

それにしてもこの自治区運動（ＣＨＯＰ）がなぜキャピトルヒルで起きたのか。

理由の一つとして、まずキャピトルヒルが中心市街地（ダウンタウン）に近いということがある。シアトルでのＢＬＭ運動はダウンタウンで最初に起きた。キャピトルヒルはダウンタウンからは徒歩15分くらいの近さだ。もう一つの説明は、ここまで紹介してきたような、カウンターカルチャーの拠点性を持つキャピトルヒルの歴史的な位置づけである。ザ・ガーディアン紙の記事の中でワシントン大学教授のマイケル・マッキャン氏はキャピトルヒルでＣＨＯＰが起きた背景について次のように語っている。

「このエリアは、たとえばＬＧＢＴＱや若者の政治的な動きなど、常にさまざまなタイプのカウンターカルチャーのための場所であった。そして、セントラル地区のようなアフリカ系アメリカ人が住んでいるところにも近い」[30]

このような文化的価値を持つ地域文脈から、必然的にキャピトルヒルでＣＨＯＰが起きたとも言えるだろう。ＣＨＯＰでは無料で食料を配り、中心となったカルアンダーソン・パークにテントを張って寝泊まりするなど、当初はまるで助けあいのための共同体か、路上でのイベントのよう

図15　カルアンダーソン・パークがテントで占拠される（2020年）[31]

な雰囲気であった（図15）。当時の様子を記録したニュース映像を見ても、参加する人々はまるでコミュニティのパーティーに参加しているようなカジュアルさと高揚感にあふれている。

CHOPのようなことが起きた理由の一つとして、アメリカでは警察に対する不信感が背景にある。シアトルでは、パンデミック期間中にも「警察予算をなくせ（Defund the police）」というスローガンを掲げて警察予算を削減する運動に一部市議会議員が同調するような動きが見られた[32]。このような警察不信の歴史的な背景として、アメリカがヨーロッパの君主制から自由になるために逃れてきた人々によって建国されたというそもそもの歴史、そして警察を「君主に反発する自国民を暴力によって抑圧する組織」として認識し、自由を求める精神が存在しているとの指摘[33]がある。このような歴史を考えると、もちろんミネアポリスで黒人男性が警察の暴力で命を落としたという直接的理由もあるのだが、パンデミックで治安が悪化するなかで、あえて警察予算の削減を求めるような矛盾して見える動きと、シアトルで起きた自治区運動に通底する背景が理解できる。

ＣＨＯＰでは、地域を抑圧組織である警察から自由にし、「自衛」のコントロール下に置いたことに満足していたようだ。しかし、徐々におかしな方向へ進んでいった。当時ＣＨＯＰエリアにとどまっていたまた別の友人に聞くと、極左グループもやってきて、夜になると集まった人々が路上の大きなゴミ箱をバリケードにしながら、大騒ぎをしていたそうだ。トランプ大統領（当時）はこの動きを「ドメスティック・テロリズム」と呼び、民主党の州知事とシアトル市長を口撃していた。７月にはＣＨＯＰは警察によって閉鎖されたが、その後も小さなデモや騒ぎは続き、結果が確定するまで長い時間がかかった大統領選を経て、２０２２年にバイデン大統領が就任するころまで路上での騒ぎは続いたそうだ。

「自治区」のその後

キャピトルヒルには現在もＣＨＯＰの時に路上に描かれた「BLACK LIVES MATTER」のペイントが残され（図16）、公園には当時アフリカ系アメリカ人の「奪われた土地」の象徴としてつくられた小さなガーデンが２０２３年末に撤去されるまで残されていた。

図16　現在も路上に残る当時のBLMのペイント。市の文化部局と交通局はすでに劣化し始めているこのペイントについて、作成したアーティストに再作成を依頼し、地域文化として保全する計画であり[34]、ペイント上を車が通らないように支柱が立てられている（2021年）

また、キャピトルヒルの店舗のウィンドウに掲示されたBLACK LIVES MATTERのステッカーも多く残っていた（図17）。ただし、このステッカーの掲示は必ずしも店主がその動きに共感しているというわけではなく、当時多くの店舗が暴徒に襲われた記憶から、何かしらの安心感を得るために掲示している場合もあるようだ。ウィンドウには、ＢＬＭのステッカーだけでなく、「我々は小さな商売（スモールビジネス）です。襲わないで下さい」というメッセージが掲示されていたりする。ＣＨＯＰのトラウマは、こうしたサインの掲示だけでなく、小規模ビジネスの閉店など地域経済に大きな打撃を与えてしまった。

シアトル市はＣＨＯＰで占拠されたエリアの犯罪データをオープンデータ[35]として集計

図17　CHOPが収束してから時間は経ったが、地域のいくつかの店舗にはその後も「BLACK LIVES MATTER」のスローガンが貼られている（2023年）

し、公表している。このデータからわかることは以下の通りである。

・CHOPエリアでの犯罪件数は2019年は減少していたが、2020年に増加した（5801件、8・2％増）

・2020年は2019年と比較して、窃盗（2744件、35・6％増）／車の盗難（945件、23・7％増）／不動産への破壊・侵入（845件、14・5％増）の順で増加率が高い（詐欺等を除く現場で物理的に起こった犯罪[36]）

このように、2020年に治安が悪化したことが、体感だけでなくデータからもわかる。結果、パンデミックによる需要の減少と治安の悪化から、閉鎖するビジネスが増えた。ただし、結局ダウンタウンやサウスレイクユニオンに隣接しているロケーション的な有利性と若者向けナイトライフの充実した場所としての評判などから、前述したように商業的側面からのレジリエンシーは強く、新しいビジネスが流入してきている。この地域の文化を支えてきた小規模ビジネスの体力を奪ったことで、結果的にCHOPは商業ジェントリフィケーションを促進してしまった側面もあるようだ。

4 オルタナティブの輝きがネイバーフッドを変質させる

キャピトルヒルのようなネイバーフッドの守るべき価値とは結局何なのか。また、それはどのように守ることができるのだろうか。

キャピトルヒルは、もともと市民の多様な活動を内包する場所であり、それこそが守るべき価値であった。多様性が生み出す自由な雰囲気、車の整備工場のような生活のリアルな歴史を伝える、飾り気のない建物がそういった活動を受け止める場所となっていた。そこに、オルタナティブな価値に目をつけた外部資本が流入し、ジェントリフィケーションが起こり、若い高所得者層が流入するというシアトル特有の事情も重なり、これまでの歴史が蓄積してきた価値の後食いが起きてきた。ここには、アメリカで特に顕著に見られる、ボヘミアン的・カウンターカルチャー的価値観がむしろ経済のメインストリームと結びつき、クリエイティブ・クラスといった「地位」を形成する基準となってきた[37]という説明がある。つまり、キャピトルヒルはそのカウンターカルチャー的特性を消費主義的な基準の中で高く評価されてしまったのだ。

ネイバーフッドでは行政による文化ディストリクトの指定など、価値を守るために市側の努力も必要となった。そのようななかで起こったＣＨＯＰは、ＢＬＭ運動をきっかけとしたものではあったが、ある意味ではキャピトルヒルが失いつつあったこの地域の価値への回帰運動的な部分もあったのではないだろうか（もちろん、暴動的なやり方は間違っており、これはまさに「秩序を抑圧と、無秩序を自由と同一視している」[38]のだ）。ただ、これらのことは直接的・間接的に小規模ビジネスをこの地域から撤退させ、地域の価値を支えてきた担い手が退場することにもつながってしまったのだ。

7章

Learning from Seattle

シアトルから学ぶこと

ここまで、スーパースター都市として発展してきたシアトルを、ネイバーフッドという単位で描いてきた。本章では、シアトルの経験から我々が学べることを考えてみたい。

1 ネイバーフッドの持つ多面的な意味

我々がシアトルの経験から学ぶべきことの一つは、シアトルのまちづくりにおける土台となってきた「ネイバーフッド」の意味である。行政的な観点からするとネイバーフッドの「領域」と「機能」に重きを置きがちだが、結局のところシアトルのネイバーフッドは、単純に「機能」するものではなく、「関係」としての役割を果たす重層的な意味を持つものであった。

シアトルは個性的なネイバーフッドを内包し、ネイバーフッド都市として発展してきた。ネイバーフッドとは「空間的領域」だけでなく、サウスレイクユニオン（5章参照）のようなアーバン・ビレッジ戦略による「機能的役割」、キャピトルヒル（6章参照）のような文化の中心地としての「象徴的価値」、ダウンタウンの縁辺部に位置するチャイナタウン／インターナショナル・ディストリクト（4章参照）のような、主にアジア系住民が形成する「集団的特性」などの重層的な意味を持ち、都市発展とまちづくりの舞台となってきた。

ネイバーフッドには、まず限定された「空間的領域」としての意味がある。これは、距離が近接

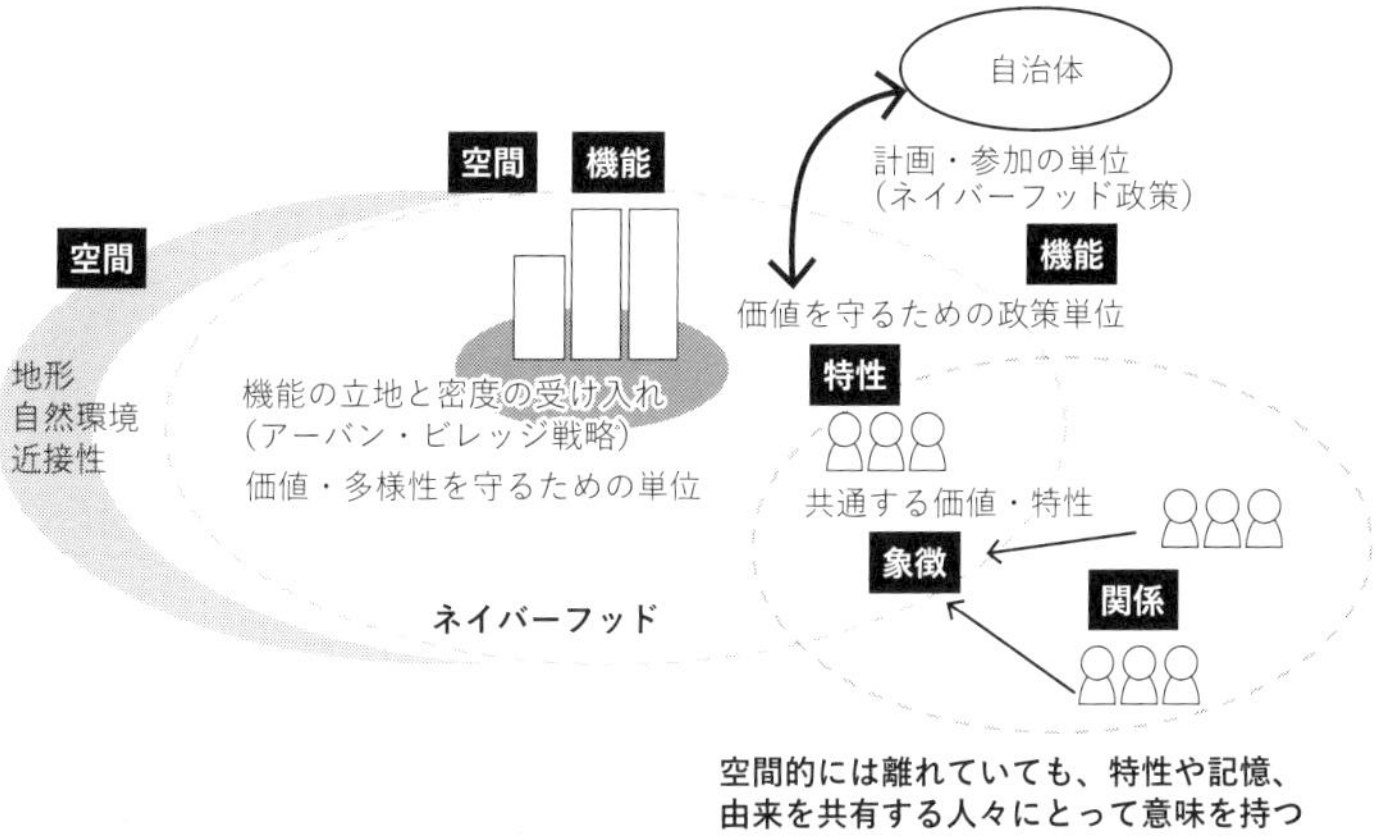

図1　ネイバーフッドの多面的意味

する空間的な範囲を意味するが、シアトルでは成長を特定のネイバーフッドに集中させるアーバン・ビレッジ戦略のような「機能的役割」と連動し、コンパクトなまちを形成することにつながった。また、「機能的役割」はただ単に雇用を生み出すとか、住宅を提供するということだけでなく、文化や由来としての歴史を保全する機能も果たした。これは文化や人種における「象徴的価値」の確立にもつながるものである。また、1990年代初頭に確立されたネイバーフッド政策では、各ネイバーフッドが計画・住民参加の単位と位置づけられ、「集団的特性」を共有する住民が、課題の解決やネイバーフッドの価値を守る取り組みを住民主体で行うことにつながった。

しかし、後年ネイバーフッド政策が大きく見直され、誰がネイバーフッドの意見を「代表」するのかが問題になったことは、ジェイン・ジェイコブズがネイバーフッドの安定性には流動性や移動性が必要であると指摘[1]したように、ネイバーフッドの「集団的特性」は固定したものと捉えるとその本質を見誤ることを示すものだ。誰が、そして何がネイバーフッドを「代表」するのかは揺らぎ続けるものであり、特に「象徴的価値」の場所としてネイバーフッドを見た場合には、その時点でそこに住む住民だけがその場所を代表するわけではなかったりするのだ。たとえば、もともとそのネイバーフッドで居住していた人々がジェントリフィケーションによって出て行ってしまった後も、そこで培われた文化やアイデンティティを残そうとする活動が生まれてきた。紙面の制限から本書では紹介しなかったが、アフリカ系アメリカ人がかつて集住していたセントラル地区は、そうしたネイバーフッドの典型例であり、白人住民の方がすでに多くなってしまった現状でもアフリカ系アメリカ人の文化の中心地としてのアイデンティティを重視した活動を行っている。つまり、物理的にそのネイバーフッドに住んでいる人だけのためにネイバーフッドが存在している訳ではないのだ。キャピトルヒルがカウンターカルチャーの場所であり続けることを望む人々がいるように、時に文化や由来の「拠り所」としての役割を果たすのがネイバーフッドである。

つまり、発展する都市の中でも価値を育て、場所を守るための「ネイバーフッド」は地理的範囲を設定したところで一朝一夕にできるものではない。ネイバーフッドとは、結局のところ「空間的領域」が最初に存在していたとしても、そこにある「象徴的価値」「機能的役割」「集団的特性」が共有されることで、ネイバーフッドに「なっていく」ものであり、関係そのものを示すものでもあるのだ（図1）。

2　シアトル発展の背景を検証する

また、本書の最初に、シアトルの発展の背景に以下の要素があったのではないかと仮説を立てた。

- 「未来」を見せることができる若い都市
- 開放性と多様性
- 住みやすさ

それをここでは改めて検証してみたい（図2）。

「未来」を見せることができる若い都市としての誘引力

まず、そもそものシアトルのなりたちとして19世紀半ばに市として成立した、アメリカの中では新しい都市であったという事実がある。東部のエスタブリッシュメントからは遠く離れた北西部の「新しい」都市に行ってみようという冒険精神を持つ人々が流入して都市が発展していった歴史がある。

そうした立地が形成した特性によって、社会的な規範や連邦政府に過度に干渉されることなく、

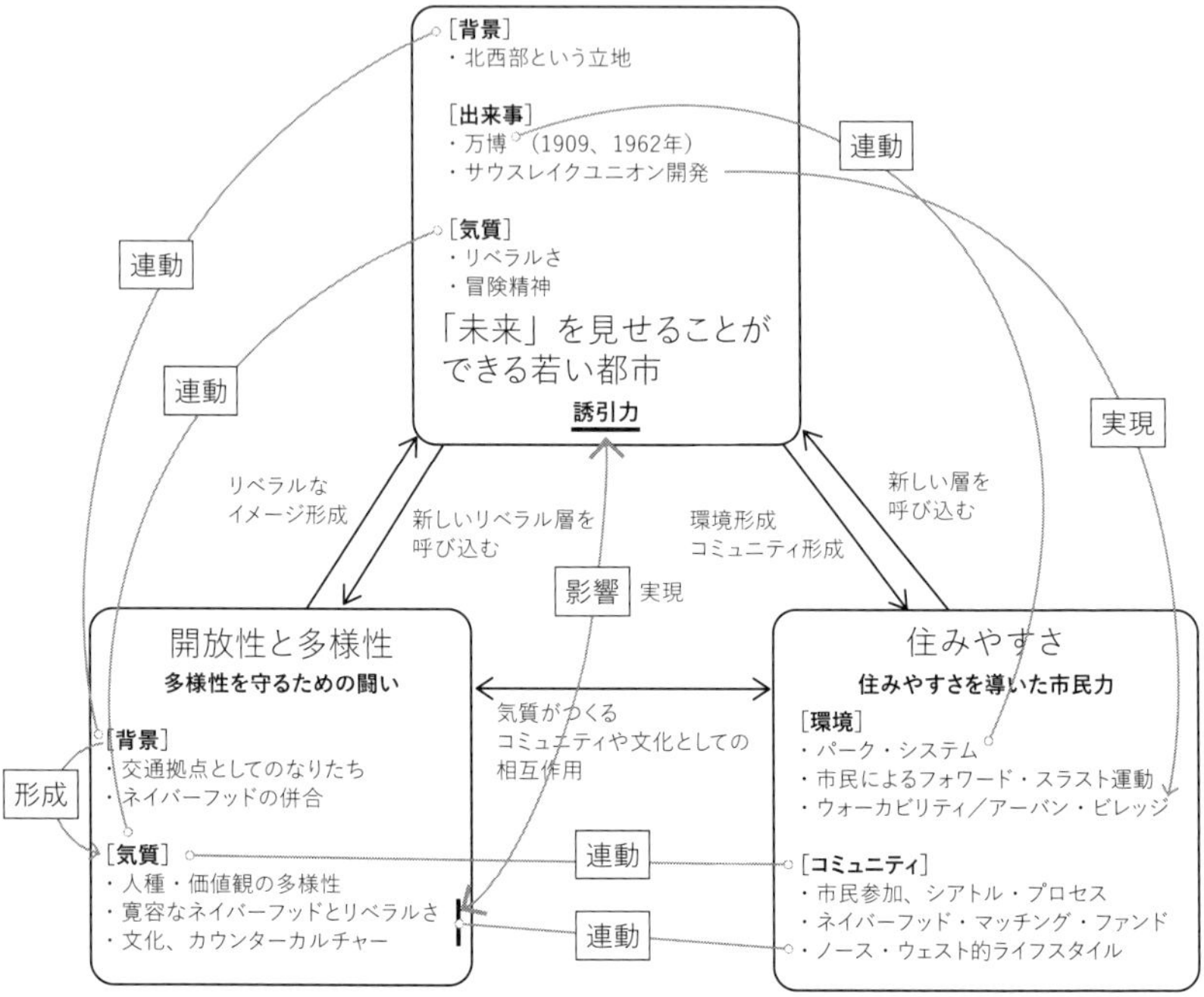

図2　シアトルにおけるネイバーフッドを舞台とした都市発展の構図

先進的な産業の成長や、それを経済的基盤としたパーク・システムのような新たな制度の施行と、それによる豊かな都市環境の形成につながっていったのではないだろうか。また20世紀に開催された万博は都市の未来像を体現し、地方都市から世界都市へと飛躍するきっかけともなった。

そして、賛否はあれど、1990年代後半以降のサウスレイクユニオンの開発は、倉庫など低未利用地が並んでいたネイバーフッドを一気に変貌させ、イノベーション・ディストリクトという新しい都市像を具現化し、瞬く間にバイオ産業やＩＴ産業の集約地となった。

これらの「若さ」は、リベラルな気質をつくり、黎明期は冒険心あふれる人々を、近年はニューエコノミーの中で高い教育を受けた層を誘引した。そして、近年シアトルに移住してきた人々はシアトルのネイバーフッドの魅力である、寛容さや開放性、多様性を他の都市にはない価値として評価し、享受している。

開放性と多様性を守ることへの闘い

シアトルが持つ開放性と多様性は、海と陸の交通拠点であったことに由来する。アラスカへの冒険の拠点となり、かつ地理的に近いアジアから移民がやってくるなど、その立地特性から国内外から多様な人々が集まってきた。移民たちは集住して新しい居住地をつくり、ネイバーフッドの個性が醸成された。

また、多様性が育まれたもう一つの背景として、シアトルが周辺の地域を徐々に併合しながら拡大していったということもある。そのことによって、シアトルの外で生まれた個性を持ったそれぞれのネイバーフッドがシアトルという一つの都市に内包されていった。

そうした都市のなりたちは、多様性を受容する市民の寛容な気質も育み、たとえばキャピトルヒルのようなネイバーフッドでは、シアトルらしいカウンターカルチャーが芽吹いた。ここではダウンタウンに隣接しながら安価な賃料で文化スペースを借りることができたため、アーティストが自然発生的に住みつき、時には「反体制」的なエネルギーが表出する場所ともなった。

そして、1910年代のボーイング社、1970年代のマイクロソフト社、1990年代のアマゾン・ドットコム社という、地域経済の要となる企業がシアトルとその周辺に本社を構えたことで、多くの高度な雇用が生まれ、新たな住民の流入が進んだ。こうしたいわゆる「クリエイティブ・クラス」[2]を惹きつけたのは、シアトルらしい多様性と寛容さである。

しかし一方で、こうした創造的な高所得層の流入は、古くからの住民や商業、文化スペースの移転につながるジェントリフィケーションを引き起こした。キャピトルヒルは寛容な場所としてのアイデンティティが自由な雰囲気を生み出し、それに惹きつけられた若い高所得者層が流入することで、寛容さの器としての場所性を失いつつある。

こうしたジェントリフィケーションに対抗する動きとして、たとえばチャイナタウン／インターナショナル・ディストリクトでは、住宅政策の改善を求めて運動を起こし、居住地かつ商業地としての価値を守るために建築デザインをレビューする仕組みがつくられたり、アジア系住民の文化を育み、可視化する活動が進められた。このように、ネイバーフッド単位で、多様性を巡る闘いが繰り広げられてきた。

住みやすさを追求し実現に導いた市民力

そして、環境としての住みやすさ、コミュニティとしての住みやすさはシアトルに新しい住民層を呼び込むもう一つの鍵となってきた。

都市環境としての基礎を形成したのは、緑のネットワークであるパーク・システムである。シアトル初期の都市の急激な発展は20世紀初頭にパーク・システムを整備する経済的基盤ともなり、シアトルらしい豊かな緑のネットワークを形成してきた。また、環境改善の追求は1960年代後半の市民運動「フォワード・スラスト」によって進められ、高速道路上のフリーウェイ・パークの整備などが実現されてきた。さらにアーバン・ビレッジ戦略によって住宅や雇用の創出をコンパクトに集約させ、公共交通機関の周辺に密度を高めることに成功し、都心部で歩きたくなるまちづくりを進めた。

また、住みやすさを感じるには物理的な環境だけでなく、センス・オブ・コミュニティを感じられるかどうかという点も影響する。早くからコミュニティ政策に先進的であったシアトル市では、ネイバーフッド局、ネイバーフッド・プラン、ネイバーフッド・マッチング・ファンドのような体系的なネイバーフッド政策を1990年代初頭に進めた。これらの政策は、数多くの住民を都市計画に巻き込んだ。特にネイバーフッド・プランは、地域住民が参加する機会を何度も積み重ねてつくられる、住民主導の計画づくりを定着させた。またそうした計画を実現する手段の一つとして制度化されたネイバーフッド・マッチング・ファンドによって、シアトルの都市空間は市民の自助努力によって改善されていった。後に参加者の硬直化からシステム自体をかなり修正したとはいえ、当時の先進的な市民参加を推進したネイバーフッド政策によって、ネイバーフッドのコミュニティはより強固なものになっていったのだ。

三要素の相互作用で育まれたネイバーフッド力

そしてこの三要素は相互作用しながらネイバーフッド都市シアトルをつくってきた。リベラルな気質は開放性や多様性、そして「若さ」から育てられ、そうした価値を好む人々を惹きつけ、よりリベラルさは増幅していった。「未来」を見せる若い都市としての都市像は、パーク・システムなど環境デザインとして実現され、パイクプレイスマーケットの再開発のような出来事によって危機感を持ったコミュニティの関与を拡大させ、リベラルな市民がまちづくりに関与する「シアトル・プロセス」を促した。都市の魅力は新しい住民層─統計から見るとより高所得者である可能性が非常に高かった─を惹きつけ、都市の経済発展につながった。しかし、彼らはシアトルの多様性や寛容性に魅力を感じてやってきたとしても、ジェントリフィケーションを起こす側の主体としてそうした魅力を危機にさらす恐れもはらむ。

ただ、シアトルのネイバーフッドは、再開発やジェントリフィケーションなど空間への変化が起きた際にも、つながりや関係性を拡大することで、ネイバーフッドへの帰属感や地域の価値が失われないよう、解決法を生み出してきたのだ。ネイバーフッドに暮らす住民は常に変動するものだが、その中でも各ネイバーフッド特有のナラティブとその葛藤が共有されることで、空間的領域を超えた関係性がネイバーフッドをつくってきたし、これからもそうあるだろう。

3　日本の都市がシアトルから学べること

さて、では日本の都市はシアトルの経験から何を学べるのだろうか。

まず、近年日本でも用いられるようになった「ネイバーフッド」という概念への正しい理解がある。ネイバーフッドは単純に空間的領域ではなく関係を示すものでもあり、なおかつその関係性も動的なものであるという理解の上で、空間・関係の両側面から捉えていくことが必要である。

シアトルの場合、たとえばアーバン・ビレッジ戦略はネイバーフッドという空間単位で施策が実施され、常に指標によって評価される。これは、日本でもコンパクトシティという文脈からネイバーフッドの空間的役割を考える上で理解しやすい。また、ネイバーフッドという単位が日本では行政の単位として用いられていないからこそ、伝統的地縁組織の単位とは「別の」地理的位置づけとしてこの概念を用いることは有効だと考える。たとえばウォーカビリティの範囲としてのネイバーフッド、という定義の仕方などはわかりやすいだろう。日本の大都市はむしろシアトルより自然発生的にウォーカブルになっていると思うが、アーバン・ビレッジ戦略や歩行者専用ゾーニングによるストア・フロントのデザインなど、ネイバーフッド単位でウォーカビリティを考える仕組みは一つのヒントになるだろう。

また、関係づくりという側面からは、ネイバーフッドが多様性や寛容性といった価値、そしてそれらを守るための活動を共有する単位として存在していることによって「帰属感」が生まれるということがある。そのことが地域内のみならず地域を越えたコミュニティにもつながり、住みやすさの源泉となってくれるのだ。

ただし、学ぼうとして学べないのが、イノベーティブな産業や新しい住民を惹きつけてきたリベラルな都市としてのふるまいだ。多様な価値観に寛容であれ、というのは学んで実現できるものではないが、本書で紹介したシアトルの事例を通して思いを巡らせてほしい。多様な価値観に寛容であろうとすると、時に激しい葛藤が起きることもあるが、シアトルの魅力はやはりこの姿勢や価値観が広く共有されていることに根ざしているのだ。これは、シアトルに住み、研究した筆者の、ずっと変わらないシアトルの印象である。

https://www.soundtransit.org/get-to-know-us/news-events/news-releases/capitol-hill-station-transit-oriented-development-breaks

19 Zillowの物件データ“Price History”より。
https://www.zillow.com/homedetails/619-E-Pine-St-Seattle-WA-98122/2068540098_zpid/

20 jseattle, “R Place's gay bar legacy appears to have come to an end with The Comeback closure”, Capitol Hill Seattle Blog, 2023.5.3
https://www.capitolhillseattle.com/2023/05/r-places-gay-bar-legacy-appears-to-have-come-to-an-end-with-the-comeback-closure/

21 内田奈芳美「新型コロナによるパンデミックがジェントリフィケーションに与えた影響：米国・シアトル市の2地区を事例として」『都市計画』57巻3号、2022年、p.922-925

22 Seattle Department of Construction & Inspections, “Pike/Pine Neighborhood Design Guidelines”, Revised 2017

23 City of Seattle, Office of Arts & Culture, “The ‘Market Forces’ Arguments for Cultural Space”

24 Velocity, “History”
https://velocitydancecenter.org/about/history/
https://velocitydancecenter.org/2020/12/04/velocity-making-moves/

25 内田奈芳美「新型コロナによるパンデミックがジェントリフィケーションに与えた影響：米国・シアトル市の2地区を事例として」『都市計画』57巻3号、2022年、p.922-925（5章部分参照）

26 Minako.T提供

27 Brendan Kiley, “What are we here for? CHOP's legacy, from barricades to changes to conversation”, The Seattle Times, 2020.6.23
https://www.seattletimes.com/life/through-many-moods-and-fast-changing-times-seattles-chop-refines-its-purpose/

28 当時の市長は2020年6月11日にCNNでこのような発言をしたとされている。
CNN, “Seattle mayor announces city will reclaim police-free autonomous zone taken over by demonstrators”
https://edition.cnn.com/2020/06/23/us/seattle-police-autonomous-zone/index.html

29 The University of Washington Libraries, Digital Collections, “WTO Seattle Collection”
https://content.lib.washington.edu/wtoweb/index.html

30 Hallie Golden, “Seattle's activist-occupied zone is just the latest in a long history of movements and protests”, The Guardian, 2020.6.21より引用（筆者訳）。
https://www.theguardian.com/us-news/2020/jun/21/seattle-activist-occupied-zone-chop-long-history-movements-protests

31 Minako.T提供

32 Sarah Grace Taylor, “‘50% was a mistake’: Seattle City Council abandoned the idea of defunding police”, The Seattle Times, 2022.9.25
https://www.seattletimes.com/seattle-news/politics/50-was-a-mistake-how-seattle-city-council-abandoned-the-idea-of-defunding-police/#comments

33 西山隆行『格差と分断のアメリカ』2020年、kindle版、第4章、p.94より引用。

34 City of Seattle, Office of Arts & Culture, “City announces new project with VividMatterCollective to recreate and properly preserve the Capitol Hill Black Lives Matter Street Mural”, 2020.9.21
https://artbeat.seattle.gov/2020/09/21/city-announces-new-project-with-vividmattercollective-to-recreate-and-properly-preserve-the-capitol-hill-black-lives-matter-street-mural/

35 シアトル市オープンデータ「Assaults in CHOP area」
https://data.seattle.gov/Public-Safety/Assaults-in-CHOP-area/iwuw-38e3

36 内田奈芳美「新型コロナによるパンデミックがジェントリフィケーションに与えた影響：米国・シアトル市の2地区を事例として」『都市計画』57巻3号、2022年、p.923

37 ジョセフ・ヒース&アンドルー・ポター著、栗原百代訳『「反逆」の神話：反体制はカネになる』2021年（原書2004年）、kindle版、第7章

38 ジョセフ・ヒース&アンドルー・ポター著、栗原百代訳『「反逆」の神話：反体制はカネになる』2021年（原書2004年）、kindle版、第8章8項、p.336より引用。

〈7章〉

1 ジェイン・ジェイコブズ著、山形浩生訳『アメリカ大都市の死と生』2010年（原書1961年）、p.163-164

2 リチャード・フロリダ著、井口典夫訳『新 クリエイティブ資本論』2014年（原書2012年）

2019.8.7
https://www.seattletimes.com/business/real-estate/seattle-moves-to-sell-mercer-mega-block-to-developer-for-record-breaking-143-5-million/
38 Vulcan Real Estate, “Art Meets Innovation in South Lake Union”
https://vulcanrealestate.com/story/art-meets-innovation-in-south-lake-union/
39 Brangien Davis, “ArtSEA: Let there be light in South Lake Union”, Cascade PBS, 2021.12.16
https://www.cascadepbs.org/culture/2021/12/artsea-let-there-be-light-south-lake-union
40 City of Seattle, SDCI Community Engagement, “New South Lake Union Zoning Regulations”, 2013
https://buildingconnections.seattle.gov/2013/05/31/new-south-lake-union-zoning-regulations/
アフォーダブル住宅の建設は、その後インセンティブ・ゾーニングではなく、Mandatory Housing Affordabilityという枠組みで推進されるようになった（City of Seattle, “Incentive zoning overview”, 2018, https://www.seattle.gov/opcd/ongoing-initiatives/incentive-zoning-update#projectdocuments）。

〈6章〉

1 Courtesy of the Seattle Municipal Archives, #206604, Series 2100-01.
2 Map data from Open Street Mapに筆者加筆。
3 “Seattle Millionaire's Row National Historic Landmark District”
https://www.millionairesrow.net/index.html
4 Hannah Krieg, “Council Gives Single-Family Zoning a Name Change but Not the Boot”, The Stranger, 2021.10.5
https://www.thestranger.com/slog/2021/10/05/61706209/council-gives-single-family-zoning-a-name-change-but-not-the-boot
このときは名称変更だったが、次のコンプリヘンシブ・プランの改定に従い、実質的にもゾーニングのあり方は変わる。
5 John Caldbick, “Pike/Pine Auto Row (Seattle)”, 2018.9.10
https://www.historylink.org/File/20630
6 John Caldbick, “Seattle Neighborhoods: Capitol Hill, Part 2 —Thumbnail History”, 2011.6.3
https://www.historylink.org/File/9841
7 Tricia Romano, “Cultures clash as gentrification engulfs Capitol Hill”, The Seattle Times, 2015.3.13（2016.11.22修正）
https://www.seattletimes.com/life/lifestyle/culture-clash-on-capitol-hill/
8 Seattle Central College, “History”
https://theatres.seattlecentral.edu/history
9 Phil Hubbard, ‘18. Retail gentrification’, Loretta Lees with Martin Philips (Editor), “Handbook of Gentrification Studies”, 2018, p.297より一部引用。
10 Urban Land Institute, “ULI Case Studies”, 2017.2, p.2より引用（筆者訳）。
11 City of Seattle Department of Planning & Development, “Final Recommendation of The East Design Review Board”, Project Number:3014325, 2013.3.20
12 jseattle, “‘We have decided to end our tenure on our terms’—Cafe Pettirosso to close after 27 years on Capitol Hill —UPDATE”, Capitol Hill Seattle Blog, 2022.1.23
https://www.capitolhillseattle.com/2022/01/we-have-decided-to-end-our-tenure-on-our-terms-cafe-pettirosso-to-close-after-27-years-on-capitol-hill/
13 Tricia Romano, “Cultures clash as gentrification engulfs Capitol Hill”, Seattle Times, March 13, 2015より引用（筆者訳）。
https://www.seattletimes.com/life/lifestyle/culture-clash-on-capitol-hill/
14 jseattle, “Groups looking to limit Capitol Hill development pick fight over Broadway height”, Capitol Hill Seattle Blog, 2013.2.10
https://www.capitolhillseattle.com/2013/02/groups-looking-to-limit-capitol-hill-development-pick-fight-over-broadway-height/
15 Manish Chalana, “Balancing History and Development in Seattle's Pike/Pine Neighborhood Conservation District”, Journal of the American Planning Association, 82:2, 2016, p.182-184
16 Naomi Ishisaka, “As Seattle changes, is it still an LGBTQ-friendly city?”, Seattle Times, June 23, 2023
https://www.seattletimes.com/seattle-news/as-seattle-changes-is-it-still-an-lgbtq-friendly-city/
17 Berger, “Capitol Hill Plaza & Festival Street”
https://bergerpartnership.com/work/capitol-hill-plaza-festival-street/
18 Sound Transit, “Capitol Hill Station transit-oriented development breaks ground”, 2018.6.20

り引用（筆者訳）。

15 City of Seattle, "The City of Seattle Comprehensive Plan" 1994-2014, p.35

16 Seattle Parks and Recreation and the Seattle Board of Park Commissioners, "Olmsted Legacy Task Force Report: Rebirth of Olmsted's Design for Equity", 2019, D-2（筆者訳）

17 Knute Berger, "South Lake Union could have been Seattle's Central Park", Cascade PBS, 2015 https://crosscut.com/2015/12/south-lake-union-could-have-been-seattles-central-park

18 Joe Nabbefeld, "Allen continues S.Lake Union acquisitions", Puget sound business journal, 1999.11.26-12.2, p.7より引用（筆者訳）。

19 City of Seattle, "Urban Center/Village Housing Unit Growth Report Through 2nd Quarter 2022"（https://www.seattle.gov/documents/Departments/OPCD/Demographics/AboutSeattle/UCUV_Growth_Report.pdf）のデータをもとに筆者作成。ただし、2022年以降のデータはCity of Seattle "Residential Permitting Trend"（https://www.arcgis.com/apps/dashboards/1111d274c85e4ca48af719da4b26fe9f）を用いて追加している。

20 ポール・アレン著、夏目大訳『ぼくとビル・ゲイツとマイクロソフト』2013年、14章、15章、17章参照。

21 U.S. Department of Transportation, Center for Innovative Finance Support, "Project Profile: South Lake Union Streetcar"
https://www.fhwa.dot.gov/ipd/project_profiles/wa_slu_streetcar.aspx

22 Reconnecting America.org, "Street Smart: Streetcars and Cities in The Twenty First Century", 'Preface', 2009（筆者訳）

23 Matt Day, "Ten years ago, Amazon changed Seattle, announcing its move to South Lake Union", The Seattle Times, 2017.12.21
https://www.seattletimes.com/business/amazon/ten-years-ago-amazon-changed-seattle-announcing-its-move-to-south-lake-union/

24 Eric Pryne, "Amazon to make giant move to South Lake Union", The Seattle Times, 2007.12.22
https://www.seattletimes.com/business/amazon-to-make-giant-move-to-south-lake-union/

25 Margaret O'Mara, "The Other Tech Bubble", The American Prospect, Winter 2016, 27, 1, Alt-PressWatch, p.43より引用（筆者訳）。

26 Eric Steven Raymond, "The Cathedral and the Bazaar", 1999。山形浩生訳「伽藍とバザール」（https://cruel.org/freeware/cathedral.html）で全文が翻訳されている。

27 Margaret O'Mara "The Other Tech Bubble", p.42

28 ジョセフ・ヒース&アンドルー・ポター著、栗原百代訳『「反逆」の神話：反体制はカネになる』2021年（原書2004年）、kindle版、p.278参照。

29 KING 5 Staff, Chris Daniels, "Businesses struggle in Seattle's South Lake Union as Amazon keeps employees remote", 2021.10.15
https://www.king5.com/article/news/local/seattle/amazon-remote-work-impact-on-south-lake-union-seattle-business/281-257eef0b-2be3-4f77-b429-3290e487ae55

30 Benjamin Romano, "Amazon to grant $5 million to small businesses near its headquarters struggling due to coronavirus", The Seattle Times, 2020.3.10
https://www.seattletimes.com/business/amazon/amazon-to-grant-5-million-to-small-businesses-near-its-headquarters-struggling-due-to-coronavirus/

31 "9 statistics that show how Amazon's return to office is helping to bolster Seattle businesses", Amazon, 2023.7.20
https://www.aboutamazon.com/news/community/amazon-return-to-office-downtown-seattle-revival

32 Lauren Rosenblatt and Alex Halverson, "Amazon's Seattle campus still quiet as 5-days-in-office deadline hits", The Seattle Times, 2025.1.2
https://www.seattletimes.com/business/amazon/amazons-seattle-campus-still-quiet-as-5-days-in-office-deadline-hits/#Echobox=1735865280

33 Hanley Wood Data Studio, "The Amazon Effect: Housing Affordability", Builder Magazine, April 02, 2018

34 United States Census Bureau, American Community Survey 5-year estimate DP05 (https://data.census.gov/table/ACSDP5Y2023.DP05?q=98109), S1901 (https://data.census.gov/table/ACSST5Y2023.S1901?g=860XX00US98109), DP04（https://data.census.gov/table/ACSDP5Y2011.DP04?q=rent&g=860XX00US98109）のデータをもとに筆者作成。なお、zip codeの範囲は市が設定するアーバン・センターの範囲よりも大きいことに注意。

35 City of Seattle Office of Arts & Culture, "The 'Market Forces' Argument for Cultural Space"

36 Seattle Gilbert & Sullivan Society, "About Us"（筆者訳）
https://seattlegilbertandsullivan.com/history

37 Brian Contreras, "Seattle moves to sell Mercer Mega Block to developer for $143.5M", The Seattle Times,

40 Doug Chin and Art Chin, "The legacy of Washington State's early Chinese pioneers", International Examiner, March 4, 1987
41 Shelley Sang-Hee Lee, "Claiming the Oriental Gateway: Prewar Seattle and Japanese America", 'Multiethnic Seattle', 2010, p.32
42 Bob Santos, "Hum bows, not hot dogs! ", 2002, p.77-88
43 United States Department of Housing and Urban Development, "Neighborhood Strategy Areas A Guidebook For Local Government", 1978
https://www.huduser.gov/portal/publications/other/nsa_cstudy.html
44 City of Seattle, "International Special Review District"（筆者訳）
https://www.seattle.gov/neighborhoods/historic-preservation/historic-districts/international-special-review-district
45 Lee Moriwaki, "Paul Allen To Move Vulcan Downtown: 11-Story Tower Planned Behind Union Station", The Seattle Times, 1998.3.12
https://archive.seattletimes.com/archive/?date=19980312&slug=2739221
46 2018年10月9日のデザインレビュー議事録より。
City of Seattle, "International Special Review District Board Agendas and Minutes Archive"
https://www.seattle.gov/neighborhoods/historic-preservation/historic-districts/international-special-review-district/agenda-minutes-archive
47 The Chinatown-International District（CID）Coalition
https://humbowsnothotels.wordpress.com/about/campaigns/boba-not-koda/
48 2018年11月27日のデザインレビュー議事録より。
City of Seattle, "International Special Review District Board Agendas and Minutes Archive"
https://www.seattle.gov/neighborhoods/historic-preservation/historic-districts/international-special-review-district/agenda-minutes-archive

〈5章〉

1 シャロン・ズーキン著、内田奈芳美ほか訳『都市はなぜ魂を失ったか』2013年（原書2010年）、p.221
2 Map data from Open Street Mapに筆者加筆。アマゾン関連用途のデータはGeekwire, "Amazon Office Buildings"（https://www.geekwire.com/amazon-office-buildings/）およびMatt Day and Mike Rosenberg, "Amazon threatens to back off Seattle growth, but it wouldn't be easy to leave", The Seattle Times, 2018.8.1（https://www.seattletimes. com/business/amazon/amazon-may-threaten-to-ditch-seattle-but-it-wouldnt-be-easy-to-leave/）を参照。2018年当時のデータであることに留意。アマゾンが所有し自己利用、もしくは賃貸している、貸している物件も「関連」用途として本データに含まれる。
3 Bruce Katz and Julie Wagner, "The Rise of Innovation Districts: A New Geography of Innovation in America" Metropolitan Policy Program at Brookings, 2014, p.3参照。
4 Mandy Joslin, "South Lake Union 1980", Prepared for the Seattle Dept. of Community Development, March, 1980, p.1より引用（筆者訳）。
5 Courtesy of the Seattle Municipal Archives（ID:192095）
6 MAKERS, "South Lake Union Properties Urban Design Concepts and Analysis", 1999, p.1。本レポートは、シアトル市経済開発局とサウスレイクユニオンデザイン委員会のために作成されたものである。
7 Walt Crowley and Kit Oldham, "Seattle voters scrap proposed Bay Freeway and R. H. Thomson Expressway on February 8, 1972.", 2001
https://www.historylink.org/File/3114
8 Kit Oldham, "Seattle voters reject Bogue Plan for city development and elect George Cotterill mayor, and King County voters approve plans and funding for Port of Seattle, on March 5, 1912.", 2020
https://www.historylink.org/File/160
9 "The Commons: A Time Line", The Seattle Times, 1995.9.11
https://archive.seattletimes.com/archive/19950911/2141092/the-commons-a-time-line
10 "Big park key part of Seattle Commons proposal", Planning, May 1993, 59, 5, ProQuest, p.28
11 Lynne B. Iglitzin, "The Seattle Commons: a case study in the politics and planning of an urban village", Policy Studies Journal, vol.23, issue 4, 1995, p.625参照（筆者訳）。
12 Seattle Municipal Archives, This file is licensed under the Creative Commons Attribution 2.0 Generic license.
https://commons.wikimedia.org/wiki/File:Seattle_Commons_draft_plan,_1993.jpg
13 Seattle Commons, "Seattle Commons draft plan", 1995より引用（筆者訳）。
14 Timothy Egan, "Ideas &Trends; Seattle Has a Plan: Urban Renewal for Fun", New York Times, April 4, 1993よ

wins at the polls on May 16, 1989.", 2001（筆者訳）
https://www.historylink.org/File/3539
11 Alan Michelson, "Marine Bancorporation, Rainier National Bank, Headquarters Building, Downtown, Seattle, WA", Pacific Coast Architecture Database（PCAD）
https://pcad.lib.washington.edu/building/5087/
12 Russell Fortmeyer, "One Fell Swoop", Architectural Record, May 2021 p.92
13 Benjamin Romano and Mike Rosenberg, "Amazon abandons plan to occupy huge downtown Seattle office building", The Seattle Times, 2019.2.27
https://www.seattletimes.com/business/amazon/huge-downtown-seattle-office-space-that-amazon-had-leased-is-reportedly-put-on-market/
14 Ruth Glass, 'Aspects of Change', Centre for Urban Studies, "London Aspects of Change", 1964, xviii-xix
15 Loretta Lees, Tom Slater and Elvin Wyly, "The Gentrification Reader", 2010で二つの流れが整理されている。
16 Japonica Brown-Saracino, "The Gentrification Debates", no.2137（kindle版）, 2010, p.64-65参照（筆者訳）。
17 Chuck Collins, "Who is buying Seattle? The perils of the luxury real estate boom for Seattle.", 2019
https://inequality.org/great-divide/who-is-buying-seattle/
18 Chuck Collins, "Who is buying Seattle? The perils of the luxury real estate boom for Seattle.", 2019, p.2（筆者訳、一部省略）
19 Saskia Sassen, "Who owns our cities – and why this urban takeover should concern us all", 2015.11.24より引用（筆者訳）。
https://www.theguardian.com/cities/2015/nov/24/who-owns-our-cities-and-why-this-urban-takeover-should-concern-us-all
20 Matthew Soules, "Icebergs, zombies, and the Ultra-Thin", 2021のkindle版、p.52より引用、参照（筆者訳）。
21 ©Visit Seattle/Jie Liu
22 City of Seattle, "Pike Place Market Historical District"
https://www.seattle.gov/neighborhoods/programs-and-services/historic-preservation/historic-districts/pike-place-market-historical-district#history
23 Courtesy of the Seattle Municipal Archives（ID:12674）
24 City of Seattle, Department of Community Development, "A Final Report on the Preservation and Redevelopment of the Pike Place Market A decade of change", 1983, p.4
25 City of Seattle, Department of Community Development, "The Marketplace", 1970s, p.4
https://cdm16118.contentdm.oclc.org/digital/collection/p16118coll13/id/219/rec/10
26 "Urban design plans for the Pike Plaza Project, 1968"（シアトル市図書館所蔵）
https://cdm16118.contentdm.oclc.org/digital/collection/p16118coll13/id/246/rec/56
27 Courtesy of the Seattle Municipal Archives（ID:33342）
28 City of Seattle, "Pike Place Market Historical District"
https://www.seattle.gov/neighborhoods/historic-preservation/historic-districts/pike-place-market-historical-district#history
29 Jennifer Ott, "Seattle City Council adopts plan for central business district development on November 26, 1963.", 2013.12.19
https://www.historylink.org/File/10697
30 City of Seattle, Department of Community Development, "A Final Report on the Preservation and Redevelopment of the Pike Place Market A decade of change", 1983, p.4
31 City of Seattle, "Urban Renewal Plan Pike Place Project"（1974年修正版）, p.46より引用。
32 ジェイン・ジェイコブズ著、山形浩生訳『アメリカ大都市の死と生』2010年（原書1961年）、p.215参照。
33 デヴィット・ハーヴェイ著、吉原直樹ほか訳『ポストモダニティの条件』2022年（原書1989年）、p.76-82
34 p.144上写真：©Visit Seattle/David Newman、p.144下写真：©Visit Seattle/Jie Liu、p.145写真：©Visit Seattle
35 Courtesy of the Seattle Municipal Archives, #35042, Series 1628-02.
36 ハワード・シュルツ&ドリー・ジョーンズ・ヤング著、小幡照雄・大川修二訳『スターバックス成功物語』1998年（原書1997年）、第2章参照。p.46より引用。
37 ©Visit Seattle/Jie Liu
38 Judy Mattivi Morley, 'Seattle's Pike Place Market', Amy L.Scott and Kathleen A. Brosnan, "City Dreams, Country Schemes", 2013, p.235より引用（筆者訳）。
39 Public Market Center, "Lease a Commercial Space at Pike Place Market: FAQ"より引用（筆者訳）。
https://www.pikeplacemarket.org/join-our-community/lease-a-commercial-space-at-pike-place-market/

18 Seattle Planning Commission, "Seattle's Neighborhood Planning Program, 1995-1999: Documenting the Process", November 2001, p.5より引用（筆者訳）。
19 Carmen Sirianni, "Neighborhood Planning as Collaborative Democratic Design", Journal of the American Planning Association, 73:4, p.373-387, 2007, DOI:10.1080/01944360708978519, p.376-381
20 Seattle Department of Neighborhood, "Memorandum", 2016, p.2-3（市議会からのネイバーフッド局に対する政策見直しへの要望に対しての覚え書き）
21 City of Seattle, "Frequently Asked Questions Executive Order 2016-06: Achieving Equitable Outreach and Engagement for All", 2016
22 シアトル市資料 "City of Seattle Neighborhood Involvement Structure" 等をもとに筆者作成。また、注17の記事参照。
23 本節のマッチング・ファンドに関する記述は、筆者の博士論文「提案型まちづくり助成制度を核とした支援システムの構築」（2006年）の3章をベースとして修正、記述している。
24 Melissa Lin, "The Danny Woo Community Gardens: Part II in a series; Almost Paradise", International Examiner, December 4, 1998
25 City of Seattle, Open data, "City of Seattle Neighborhood Matching Funds"
https://data.seattle.gov/Community/City-Of-Seattle-Neighborhood-Matching-Funds/pr2n-4pn6
26 City of Seattle, Open data "City of Seattle Neighborhood Matching Funds" （https://data.seattle.gov/Community/City-Of-Seattle-Neighborhood-Matching-Funds/pr2n-4pn6）をもとに筆者作成。
27 The Aveグループのまとめ役だったパティ・ウイスラー氏へのインタビュー（2003年7月29日）より。
28 1994年の「目標」についてはCity of Seattle, "The City of Seatle Comprehensive Plan Toward a Sustainable Seattle A Plan for Managing Growth 1994-2014", 1994, p.24, 33, 35, 38より、2022年の「都市内での位置づけ」についてはCity of Seattle, "Seattle 2035 Comprehensive Plan", 2022, p.23（https://www.seattle.gov/documents/Departments/OPCD/OngoingInitiatives/SeattlesComprehensivePlan/CouncilAdopted2022FullPlan.pdf）より引用（筆者訳）。地域指定は時代によって変化する。ここで左の列に示されている地域は、1994年時に最初に指定された地域である。
29 City of Seattle, "Comprehensive plan", 2022, p.31をもとに筆者作成。
30 City of Seattle, "Seattle 2035 Comprehensive Plan", 2020, p.25のUrban Center and Urban Village Guidelinesの表を引用（筆者訳、一部省略）。
31 Peter Steinbrueck, "SSNAP Report 2014", 2014, p.6より引用（筆者訳、一部省略）。
32 Daniel Beekman, "Seattle's long-standing 'urban village' strategy for growth needs reworking, new report says", The Seattle Times, 2021
https://www.seattletimes.com/seattle-news/politics/seattles-longstanding-urban-village-strategy-for-growth-needs-reworking-new-report-says/
33 Seattle Office of Planning & Community Development, "Racial Equity Analysis Community Engagement Summary", May 2021, p.7より引用（筆者訳）。
34 ジェイン・ジェイコブズ著、山形浩生訳『アメリカ大都市の死と生』2010年（原書1961年）、p.163-164

〈4章〉

1 Map data from Open Street Mapに筆者加筆。
2 デビッド・ハーヴェイ著、森田成也ほか訳『反乱する都市：資本のアーバナイゼーションと都市の再創造』2013年（原書2012年）、p.55-57
3 John Pastier, "Smith Tower（Seattle）", HistoryLink.org Essay 4310, 2004.7.1
https://www.historylink.org/File/4310
4 Rob Smith, "Unico Sells Seattles Iconic Smith Tower to Goldman Sachs", Seattle Business magazine, 2019.1.18
https://www.seattlebusinessmag.com/business-operations/unico-sells-seattles-iconic-smith-tower-goldman-sachs
5 Timothy Egan, "Focus: Seattle; Creating An Office Empire", New York Times, June 29, 1986（筆者訳）
https://www.nytimes.com/1986/06/29/realestate/focus-seattle-creating-an-office-empire.html?pagewanted=all
6 小泉秀樹・西浦定継編著『スマートグロース』2003年、p.115-116
7 "The citizen's Alternative Plan A Summary of The Proposed Ordinance Presented of The Seattle City Council", 1988, p.5より引用（筆者訳、一部省略）。
8 William Celis III, "Seattle Voters Approve Citizen Initiative That Will Limit Downtown Development", Wall Street Journal, May 18, 1989, Global Newsstream, p.1参照。
9 John Gregerson, "Construction cap seeks to lower the boom in Seattle; if approved by voters, the restriction would drastically reduce development in Seattle's downtown core", Building Design & Construction, vol.30, issue 3, March 1989参照。
10 David Wilma and Walt Crowley, "Citizens' Alternative Plan, which sets growth limits for downtown Seattle,

本記事によると、19歳以下で免許を持つ割合が、1998年に64.4%であったのが2008年には46.3%に下がったという低下トレンドを示している。

65 Seattle Times staff, "Seattle's streetcar history", The Seattle Times, 2007
https://www.seattletimes.com/seattle-news/seattles-streetcar-history/

66 HistoryLink Staff, "Voters reject rail transit plan and three other Forward Thrust bond proposals on May 19, 1970.", 2002
https://www.historylink.org/File/3961

67 Stephen B. Page, "Theories of Governance: Comparative Perspectives on Seattle's Light Rail Project", The Policy Studies Journal, vol.41, no.4, 2013, p.591

68 Qing Shen, Simin Xu and Jiang Lin, "Effects of bus transit-oriented development (BTOD) on single-family property value in Seattle metropolitan area", 2018, vol.55(13), p.2960-2979

69 Aly Pennucci/Lish Whitson, "DPD Pedestrian Zone ORD" Amended April 21, 2015, Version 2, p.12（筆者訳）

70 Aly Pennucci/Lish Whitson, "DPD Pedestrian Zone ORD" Amended April 21, 2015, Version 2, p.11より引用（筆者訳）。

71 City of Seattle, "Safe Start Permits"
https://www.seattle.gov/transportation/permits-and-services/permits/temporary-permits

72 David Franco, 'Tactical Urbanism as The Staging of Social Authenticity', Laura Tate, "Planning for authenCITIES", 2019, p.181-182

〈3章〉

1 Online Etymology Dictionary
https://www.etymonline.com/word/vicinity#etymonline_v_2388

2 三つの分類については、William M. Rohe and Lauren B. Gates, "Planning with Neighborhoods", 1985, p.13-50を参照。

3 国土交通省都市局「令和5年度 都市局関係予算概算要求概要」2022年, p.7

4 Ronald H. Bayor, "Neighborhoods in Urban America", 1982, p.11より引用、要約（筆者訳）。

5 City of Seattle, "The Seattle City Clerk's Geographic Indexing Atlas"（筆者訳）
https://clerk.seattle.gov/~public/nmaps/aboutnm.htm

6 City of Seattle, Seattle Planning Commission "Seattle's Neighborhood Planning Program, 1995-1999: Documenting the Process", November 2001, p.2の図を引用、筆者加筆。

7 Thomas Dublin and Kathryn Kish Sklar, "Seattle City Government: A Handbook for Citizens", 1972, p.4の図をもとに筆者作成。

8 City of Seattle, Seattle Municipal Archives, "Ballard"（筆者訳）
http://www.seattle.gov/cityarchives/exhibits-and-education/online-exhibits/annexed-cities/ballard

9 David Wilma, "Northgate Shopping Mall in Seattle opens on April 21, 1950.", 2001.8.2
https://www.historylink.org/file/3186

10 本節は、筆者の博士論文「提案型まちづくり助成制度を核とした支援システムの構築」（2006年）の3章をベースとして修正、記述している。

11 City of Seattle, Seattle Planning Commission, "Citizen Participation Evaluation Final Report", March 2000, p.5

12 Thomas Dublin and Kathryn Kish Sklar, "Seattle City Government:A Handbook for Citizens", 1972, p.8

13 Carmen Sirianni, "Investing in Democracy: Engaging Citizens in Collaborative Governance", '3. Neighborhood Empowerment and Planning: Seattle, Washington', 2009, p.67

14 当時のシアトル市長チャールズ・ロイヤーと市議会へのプランニング委員会からの提案。
"Planning Commission Recommendations on Neighborhood Planning and Assistance", 1987, p.2-3（筆者訳）

15 "Planning Commission Recommendations on Neighborhood Planning and Assistance", 1987, p.5, 8-9

16 Seattle Planning Commission, "Seattle's Neighborhood Planning Program, 1995-1999: Documenting the Process", 2001, p.9

17 シアトル市の参加システムおよび2016年のシステム変更とその参照資料については、Scott Bonjukian, "Seattle To Cut Official Ties With Neighborhood District Councils", 2016（https://www.theurbanist.org/2016/08/26/seattle-to-cut-official-ties-with-neighborhood-district-councils/）を参照。

40 吉田徹『アフター・リベラル：怒りと憎悪の政治』2020年、kindle版、p.46より引用。
41 山縣宏之『ハイテク産業都市シアトルの軌跡』2010年、p.39 より引用。
42 政治家ジェームス・ハーレーの言葉である。Communism in Washington State History and Memory Project（https://depts.washington.edu/labhist/cpproject/）より引用。なお1936年時点では、アラスカとハワイはまだアメリカ合衆国の州となっていないため、47州＋ワシントン州（計48州）という表現となっている。
43 Forward Thrust, Inc., "Forward Thrust work, 1968-1970: a report to the residents of King County, Washington on the progress of 370 Forward Thrust projects.", 1970の序文参照。
44 Department of Parks and Recreation, "Forward Thrust at the halfway mark", 1974, p.4より引用（筆者訳）。
45 HistoryLink Staff, "Voters reject rail transit plan and three other Forward Thrust bond proposals on May 19, 1970.", 2002
https://www.historylink.org/file/3961
46 Forward Thrust, Inc., "Forward Thrust work, 1968-1970: a report to the residents of King County, Washington on the progress of 370 Forward Thrust projects.", 1970, p.4
47 Courtesy of the Seattle Municipal Archives（ID.176987）
48 Donald L. Rosdil, "The survival of progressive urban politics amid economic adversity", Journal of Urban Affairs, 39:2, 2017, p.205-224, DOI: 10.1111/juaf.12311
49 City of Seattle, "Payroll Expense Tax"
https://www.seattle.gov/city-finance/business-taxes-and-licenses/seattle-taxes/payroll-expense-tax
50 Hallie Golden, "How the Fremont Troll became a symbol of creative resilience in a tech boom town", Curbed Seattle, 2019
https://seattle.curbed.com/2019/6/4/18650083/fremont-bridge-troll-history-location
51 ウィリアム・H・ホワイト著、柿本照夫訳『都市という劇場』1994年（原書1988年）、p.160より引用。
52 Margo Vansynghel, "City launches real estate company to save and create Seattle art spaces", Cascade PBS, 2020
https://crosscut.com/culture/2020/11/city-launches-real-estate-company-save-and-create-seattle-art-spaces
53 City of Seattle, "Build Art Space Equitably (BASE)"
https://www.seattle.gov/arts/programs/cultural-space/base-build-art-space-equitably-certification
54 以下の箇条書きの項目は、シアトル市から提供された資料 Office of Arts & Culture, "The 'Market Forces' Arguments for Cultural Space" より引用（筆者訳）。この資料のシアトルに関するデータはthe National Trust for Historic Preservation and the City of Seattle Office of Arts & Cultureによる。
55 リチャード・フロリダ著、井口典夫訳『新 クリエイティブ資本論』2014年（原書2012年）、第12章第5項
56 City of Seattle, "Park History"（https://www.seattle.gov/parks/about-us/park-history）より引用（筆者訳）。
57 10-Minute Walk, "Our Mission"（https://10minutewalk.org/）より引用（筆者訳）。
58 これらの視点については、Congress for the New Urbanism, "Freeways without Futures", 2021, p.5-6（https://www.cnu.org/highways-boulevards/freeways-without-futures/2021#5）参照（筆者訳）。
59 Courtesy of the Seattle Municipal Archive（ID:203829）
60 The City of Seattle, "Freeway Park Landmark Nomination", 2005, p.13参照。
https://www.seattle.gov/documents/Departments/ParksAndRecreation/Projects/FreewayPark/FreewayParkNominationWeb_2005.pdf
61 Courtesy of the Seattle Municipal Archive（ID:145050）
62 Luc Bullivant, "Masterplanning Futures", 'Waterfront Seattle, USA', 2012, p.71参照。
63 Walk Score©, "2021 City & Neighborhood Ranking"
https://www.walkscore.com/cities-and-neighborhoods/
64 Amy Chozick, "As Young Lose Interest in Cars, G.M. Turns to MTV for Help", New York Times, 2012
https://www.nytimes.com/2012/03/23/business/media/to-draw-reluctant-young-buyers-gm-turns-to-mtv.html?pagewanted=1&_r=1

14 スティーヴン・S・コーエン＆J・ブラッドフォード・デロング著、上原裕美子訳『アメリカ経済政策入門』2017年（原書2016年）、p.94-96

15 近年の国勢調査データ以外の歴史的データは、キング郡についてはKing County History（https://kingcounty.gov/depts/records-licensing/archives/findarchives/KChistory_guide.aspx）、シアトル市についてはCity of Seattle Strategic Planning Office, "Decennial Population City of Seattle 1900-2000", 2021のデータをもとに筆者作成。比較手法についてはGene Balk/FYI Guy, "Seattle added more people last year than all of King County's suburbs combined", The Seattle Times, 2017.6.29（https://www.seattletimes.com/seattle-news/data/seattle-added-more-people-last-year-than-all-king-countys-suburbs-combined/）を参照。

16 Seattle Municipal Archives, "Projects"
https://www.seattle.gov/cityarchives/exhibits-and-education/online-exhibits/urban-renewal-in-seattle/projects#Cherry%20Hill

17 ジェイン・ジェイコブズ著、山形浩生訳『アメリカ大都市の死と生』2010年（原書1961年）、p.234-235

18 Daniel London, "Progress and authenticity: urban renewal, urban tourism, and the meaning(s) of mid-twentieth-century New York", Journal of Tourism History, 5:2, 2013, p.172-184（筆者訳）

19 William M. Rohe and Lauren B. Gates, "Planning with Neighborhoods", 1985, p.33

20 Courtesy of the Seattle Municipal Archives（ID.73116））

21 ポール・アレン著、夏目大訳『ぼくとビル・ゲイツとマイクロソフト』2013年（原書2011年）、p.32

22 City Archive, "Century 21 World's Fair"（https://www.seattle.gov/cityarchives/exhibits-and-education/digital-document-libraries/century-21-worlds-fair）より引用（筆者訳）。

23 飯塚真紀子『9・11の標的をつくった男：天才と差別 建築家ミノル・ヤマサキの生涯』2010年、kindle版、p.174

24 Serin D. Houston, "Imagining Seattle", 2019, p.46（筆者訳）

25 Richard Johnston, "Here's How the City May Look in 22 Years", The Seattle Times, 1963.8.18

26 Jennifer Ott, "Seattle City Council adopts plan for central business district development on November 26, 1963.", 2013参照。
https://www.historylink.org/File/10697

27 Walt Crowley, "Boeing and Early Aviation in Seattle, 1909-1919", 2003
https://www.historylink.org/file/5369

28 Roger Sale, "Seattle, Past to Present", 2019, p.232

29 Greg Lange, "Billboard reading 'Will the Last Person Leaving SEATTLE―Turn Out the Lights' appears near Sea-Tac International Airport on April 16, 1971.", 1999参照。看板のフレーズについて引用。
https://www.historylink.org/File/1287

30 Washington State Department of Commerce
http://choosewashingtonstate.com/research-resources/about-washington/brief-state-history/

31 エンリコ・モレッティ著、池村千秋訳『年収は「住むところ」で決まる：雇用とイノベーションの都市経済学』2014年（原書2013年）、p.105より引用。

32 ポール・アレン著、夏目大訳『ぼくとビル・ゲイツとマイクロソフト』2013年（原書2011年）

33 ポール・アレン著、夏目大訳『ぼくとビル・ゲイツとマイクロソフト』2013年（原書2011年）、p.185-186

34 ポール・アレン著、夏目大訳『ぼくとビル・ゲイツとマイクロソフト』2013年（原書2011年）、p.233より引用。

35 Tom Alberg, "Flywheels", '1. Opportunities and Chllengers of Cities', 2021, p.20より引用（筆者訳）。

36 市嶋洋平・江藤哲郎『AIゲームチェンジャー：シリコンバレーの次はシアトルだ』2019年、kindle版、第5章、第9章第3項

37 ブラッド・ストーン著、井口耕二訳『ジェフ・ベゾス 果てなき野望』2014年（原書2013年）、kindle版、p.52より引用。

38 ハワード・シュルツ＆ドリー・ジョーンズ・ヤング著、小幡照雄・大川修二訳『スターバックス成功物語』1998年（原書1997年）、p.36-37

39 Roger Sale, "Seattle, Past to Present", 2019, p.239より引用（筆者訳）。

注

〈1章〉

1 Aaron M. Renn, "Scaling Up: How Superstar Cities Can Grow to New Heights", Manhattan Institute, January 2020, p.4から引用（筆者訳）。

2 Joseph Gyourko, Christopher Mayer and Todd Sinai, "Superstar Cities", American Economic Journal: Economic Policy, vol.5, no.4, November 2013, p.167-199, p.169から引用（筆者訳）。

3 City of Seattle, Office of Planning & Community Development, “About Seattle”
https://www.seattle.gov/opcd/population-and-demographics/about-seattle#population

4 City of Seattle Strategic Planning Office, “Decennial Population City of Seattle 1900-2000”, 2021をもとに筆者作成。

5 Cascade PBS, “How Seattle is planning for a quarter million more residents”
https://crosscut.com/news/2022/07/how-seattle-planning-quarter-million-more-residents

6 全米についてはUnited States Census Bureau, “United Satets”（https://data.census.gov/profile/United_States?g=010XX00US）、シアトル市についてはUnited States Census Bureau, “Seattle city, Washington”（https://data.census.gov/profile/Seattle_city,_Washington?g=160XX00US5363000）のデータをもとに筆者作成。

7 厚生労働省「2019年 国民生活基礎調査」
https://www.mhlw.go.jp/toukei/saikin/hw/k-tyosa/k-tyosa19/index.html

8 United States Census Bureau
https://data.census.gov/table/ACSST5Y2010.S1901?g=160XX00US5363000

9 下記のAmerican Community Survey 1-year estimateのデータ（インフレ調整後データ）をもとに筆者作成。
United States Census Bureau, “Income in the Past 12 Months”
・2010年：https://data.census.gov/table/ACSST1Y2010.S1901?g=160XX00US5363000
・2022年：https://data.census.gov/table/ACSST1Y2022.S1901?g=160XX00US5363000

10 リチャード・フロリダ著、井口典夫訳『新 クリエイティブ資本論』2014年（原書2012年）では、クリエイティブ・クラスが経験型のライフスタイルを重視し、たとえばアウトドアなどを好む実態を描いていた。

11 山縣宏之『ハイテク産業都市シアトルの軌跡』2010年

12 エンリコ・モレッティ著、池村千秋訳『年収は「住むところ」で決まる：雇用とイノベーションの都市経済学』2014年（原書2012年）

〈2章〉

1 Roger Sale, “Seatle, Past to Present”, ‘2. The founding’, p.8

2 Seattle Municipal Archives, “Brief History of Seattle”
https://www.seattle.gov/cityarchives/seattle-facts/brief-history-of-seattle

3 The Port of Seattle, “The Port of Seattle Year Book 1920-1921”, 1922, p.3
https://babel.hathitrust.org/cgi/pt?id=ien.35556038304994&view=1up&seq=9

4 Courtesy of the Seattle Municipal Archives（ID:65590）

5 上写真：Courtesy of the Seattle Municipal Archives（ID.3429）

6 Matthew Klingle, “Emerald City: An Environmental History of Seattle”, ‘The Imagination and Creative Energy of the Engineer: Harnessing Nature’s Forces to Urban Progress’, 2007, p.95, p.99

7 ジョン・A・ピーターソン著、兼田敏之訳『アメリカ都市計画の誕生』2011年（原書2003年）、p.205

8 Seattle Parks and Recreation and the Seattle Board of Park Commissioners, “Olmsted Legacy Task Force Report: Rebirth of Olmsted’s Design for Equity”, 2019, p.D-2, D-3（筆者訳）

9 Mansel.G. Backford, “The Lost Dream Businessmen and City Planning on the Pacific Coast 1890-1920”, ‘4. Seattle and the Bogue Plan’, 1993, p.102

10 本文中の公園についての説明は、Friends of Seattle's Olmsted Parks（https://seattleolmsted.org/parks/）参照。

11 City of Seattle, “One Seattle Plan: Mayor’s Recommended Draft Appendices”, 2024, p.292（凡例は筆者訳）
https://www.seattle.gov/documents/Departments/OPCD/SeattlePlan/OneSeattlePlanMayorsPlanAppendices2025.pdf

12 Megan Asaka, “40-Acre Smudge”, Pacific Historical Review, vol.87, no.2, SPRING 2018, p.231-263

13 上写真：Courtesy of the Seattle Municipal Archives（ID.193048）

参考文献

〈2章〉

・内田奈芳美「提案型まちづくり助成制度を核とした支援システムの構築」(博士論文、早稲田大学)、2006年
・ジェームズ・ウォレス&ジム・エリクソン著、SE編集部訳『ビル・ゲイツ:巨大ソフトウェア帝国を築いた男』翔泳社、1992年
・内田奈芳美「ウォーカビリティと公共空間活用:NYのアウトドア・ダイニングから考える」『日本建築学会大会(北海道)都市計画部門研究懇談会資料「ウォーカブルシティに向けたアーバンストリートの統合デザイン」』2022年
・貴堂嘉之『南北戦争の時代 19世紀(シリーズ アメリカ合衆国史)』岩波書店、2019年

〈3章〉

・内田奈芳美「提案型まちづくり助成制度を核とした支援システムの構築」(博士論文、早稲田大学)、2006年
・クラレンス・ペリー著、倉田和四生訳『近隣住区論:新しいコミュニティ計画のために』鹿島出版会、1975年
・内田奈芳美「アメリカでのウォーカブルなまちづくり」『新都市』78巻5号、2024年

〈4章〉

・貴堂嘉之『移民国家アメリカの歴史』岩波書店、2018年
・シャロン・ズーキン著、内田奈芳美・真野洋介訳『都市はなぜ魂を失ったか:ジェイコブス後のニューヨーク論』講談社、2013年

〈6章〉

・内田奈芳美「新型コロナによるパンデミックがジェントリフィケーションに与えた影響:米国・シアトル市の2地区を事例として」『都市計画論文集』57巻3号、2022年

おわりに

シアトルの中で私が一番好きな風景は、ワシントン大学から坂を下りたところに位置するマリーナからの眺めである。水面に浮かんだように見える緑の丘に点在するカラフルな住宅を眺めると、シアトルは本当に美しいまちだと感じる。20年以上前の夏にワシントン大学の新入生として、いつまでたっても日没を見ない長い一日を過ごした時と何も変わっていない。しかし、そうした風景は変わらなくても、社会のありかたは変化している。シアトル市は当時社会的に安定した都市だと言われていたが、全米の思想的な両極化と連動して、近年はさまざまな不安定さを抱えるようになっていた。

留学した2000年代初頭、シアトル市はネイバーフッド単位の市民参加のシステムで有名な都市であり、私はそのことに惹かれてワシントン大学に向かった。現在でもシアトルのリベラルさ自体は変わらないが、新自由主義的な開発志向も併せ持つ、内部矛盾を抱えた都市になったとも感じる。最高に「リベラル」で「オルタナティブ」でいたい一方で、世界的企業を抱えてメインストリーム経済の中心となったシアトルは、それらの異なる価値観を飲み込みながら、さらなる都市開発を凝縮して進めてきた。ただ、そうした変化のなかでも、人々のネイバーフッドへの帰属感や関与は変わっていないようだった。そこではパンデミックを経てより多様な価値観が尊重されるようになり、都市空間にもそれらは表れている。

2021～2022年の客員研究員としてのアメリカでの滞在に関しては、日米教育委員会からフルブライト・研究員プログラムによる支援を受けたことが大きな助けとなった。また、ワシントン大学での受け入れではJeff Hou教授とDaniel Abramson教授、そして現地滞在に関しては大学院時代からの友人のマキエさんに大変お世話になった。出版に関しては学芸出版社の宮本裕美さんに詳細までご指摘いただき、感謝している。また、恩師の佐藤滋先生に卒業論文、修士論文、博士論文まで長くご指導いただいたことが本書につながっている。

アメリカに長期滞在することをいつも理解してくれる現在の家族と、職場である埼玉大学が長期研修として渡米を許可してくれたことに深く感謝したい。ただ、長期渡米中に福井の祖母が100歳で亡くなったが、パンデミックによる厳重な出入国管理のため帰国することが叶わなかったことが、本当に心残りである。今こうやって改めて以前のように往来できるようになったことをありがたく思いながら、シアトルを通してアメリカの都市研究を続けていくことで日本のまちづくりに還元できればと考えている。

なお、本書は、一般財団法人住総研の2024年度出版助成を得て出版されたものであり、ここに記して感謝する。

2025年3月

内田奈芳美

内田奈芳美（うちだ・なおみ）

埼玉大学人文社会科学研究科教授。2004年ワシントン大学（シアトル）アーバンデザイン＆プランニング修士課程修了。2006年早稲田大学大学院博士課程修了。博士（工学）。金沢工業大学環境・建築学部講師などを経て現職。アーバンデザインセンター大宮副センター長。2021～22年、ワシントン大学・ラトガーズ大学客員研究員。主な著書に『金沢らしさとは何か』（2015年、北國新聞社、共同編集）、『都市はなぜ魂を失ったか：ジェイコブズ後のニューヨーク論』（2013年、講談社、翻訳）など。

本書は「一般財団法人住総研」の2024年度出版助成を得て出版されたものである。

ネイバーフッド都市シアトル
リベラルな市民と資本が変えた街

2025年 4月10日 初版第1刷発行

著者　内田奈芳美

発行所　株式会社学芸出版社
〒600-8216　京都市下京区木津屋橋通西洞院東入
電話075-343-0811　info@gakugei-pub.jp

発行者　井口夏実

編集　宮本裕美・森國洋行
装丁　藤田康平（Barber）
DTP　梁川智子
印刷・製本　モリモト印刷

ISBN978-4-7615-2927-7